中国茶马连道

CHINA TEA

30年·30人·30事

京城茶叶第一街

U0238822

中国茶 马连道

CHINA TEA

30年 · 30人 · 30事

京城茶叶第一街

中华合作时报·茶周刊
北京天恒马连道茶文化发展有限公司　主编

中国农业出版社
CHINA AGRICULTURE PRESS
北京

图书在版编目（CIP）数据

中国茶　马连道 30年·30人·30事 / 中华合作时报·茶
周刊，北京天恒马连道茶文化发展有限公司主编
．—— 北京 ：中国农业出版社，2019.6
　　ISBN 978-7-109-25526-5

Ⅰ．①中… Ⅱ．①中… ②北… Ⅲ．①茶文化－中国
Ⅳ．① TS971.21

中国版本图书馆 CIP 数据核字（2019）第 095634 号

北京市西城区文化艺术创作扶持专项资金扶持项目

ZHONGGUOCHA MALIANDAO 30NIAN · 30REN · 30SHI

中国茶 马连道 30年·30人·30事

中国农业出版社出版

（北京市朝阳区麦子店街 18 号楼）

（邮政编码 100125）

策划编辑　李　梅
责任编辑　李　梅
装帧设计　陶　健　吴海峰

北京中科印刷有限公司印刷　新华书店北京发行所发行
2019 年 6 月第 1 版　2019 年 6 月北京第 1 次印刷

开本：700mm×1000mm　1/16　印张：16.75
字数：350 千字
定价：98.00 元

（凡本版图书出现印刷、装订错误，请向出版社发行部调换）

中国茶
马连道

CHINA TEA

30年·30人·30事

京城茶叶第一街

‖ 总序 ‖

波澜壮阔四十载，茗香京城三十春。

2018 年，恰逢中国改革开放 40 周年；同时，也是马连道"中国茶叶第一街"形成 30 年。

30 年前的 1988 年，北京茶叶总公司在马连道成立。伴随着改革开放和中国茶叶流通体制的改革，一大批来自茶叶产区的茶商纷纷踏入马连道，围绕着北京茶叶总公司开厂设店。在最兴旺时期，马连道共有来自全国十多个产茶区的 3 000 余户茶商入驻，有 17 家茶城。马连道被命名为"中国茶叶第一街""中国特色商业街"等，在中国茶产业发展史上具有举足轻重的作用。

马连道茶叶一条街是中国改革开放的一个成功缩影。30 年来，一大批来自全国各地的茶人借改革开放的东风，凭借爱拼才会赢的精神和坚忍不拔的闯劲儿，走进首都北京马连道，他们用汗水和智慧铸就了"中国茶叶第一街"的美誉。这条街上，万余名茶人自强不息，用勤劳、勇敢、智慧书写着马连道茶叶一条街发展进步的故事，为马连道的辉煌做出了重要贡献。

过去的 30 年，是马连道茶叶一条街发展形成的 30 年，"南有芳村北有马连道"彰显了马连道在全国茶行业的地位。近年来，随着首都功能的重新定位，作为首都核心区的西城区，马连道茶叶一条街的功能将调整为以茶为特色的国际文化中心和国际交流中心，马连道茶叶一条街也面临着新的转型升级。对这条街上的所有茶商来说，变革压力与发展机遇并存。本书中选取的 30 人既在过去 30 年为马连道茶叶一条街的发展做出过重要贡献，又是未来马连道转型升级的主体。本书出版的宗旨是，既总结过去 30 年的发展经验，又呈现新时代企业发展的蓝图和规划。最终，努力将他们打造成为马连道茶叶一条街发展的样板、转型升级的引领者。

马连道是整个北方茶叶市场的晴雨表，文中记述的 30 人还是我国北方茶叶消费市场变化的参与者、见证者，更是引领者。他们进入马连道后先是顺应市场以经营茉莉花茶为主，后来逐渐成为市场的引导者，这与他们的付出密不可分。

2018 年，既是改革开放 40 周年的重要节点，也是马连道"茶马联姻"30 周年纪念之时，更是马连道转型升级、博赢明天的新起点。在这个历史的关键节点，为能生动地为 30 人画像，从品牌、文化、新锐三大视角对 30 人进行分类记录，是本书作者之幸。

品牌篇重点讲述在马连道多年打拼过程中人物的命运起伏、财富故事、经营之道，从个体中窥视马连道 30 年的风雨历程、发展变迁。在未来马连道的转型升级中，品牌企业将与时俱进，积极响应西城区委、区政府的号召，在新时期树立符合马连道定位的商业模式和经营业态，这些企业是马连道未来发展的引领者。

文化篇讲述了多年来依托马连道致力于茶文化传播，并在国内茶文化界有一定影响力的人物。他们或是茶学专业毕业的高材生，或是精于中华传统文化，以马连道为平台，开讲座、办培训，吸引北方爱茶人到马连道学习茶文化的企业。他们中有的随国家领导人到国外展示茶文化，有的作为对外交流部门认可的茶艺培训机构为驻华使节宣讲中华茶文化，更多的致力于在首都各大高校常年开设茶文化选修课程，他们是马连道文化创意的形象代表，对提升马连道文化形象具有重要作用。未来，在马连道打造文化街区时，他们将是可以依靠的重要力量。

新锐篇的主角是一支"80 后"队伍，高学历，敢于创新，热爱茶行业。有的从外行转入茶行业，有的茶学专业毕业后进入茶行业，凭借年轻人的勇闯敢干，将新营销、新模式、新理念运用于马连道并付诸实施，为马连道增添了新的活力。他们是马连道承前启后、继往开来的中坚力量，是马连道的新锐力量。他们有超前的创新理念，实际的营销经验，是未来马连道创新服务的领头羊。

在马连道 30 年的总结回顾中，除了具有核心要素的人之外，还遴选了在马连道 30 年发展过程中具有标志性意义的 30 件大事。这 30 件事件，折射出马连道一条街的风雨历程、发展变迁，为马连道历史定盘，为未来蓄力。

本书是马连道茶叶一条街形成以来最大的一次文化梳理和价值挖掘。在创作过程中，始终坚持突出宣传马连道由地域创意向文化创意转化的升级过程。本书以人为线索，通过对与马连道命运休戚相关的茶商的深度报道，加深对马连道文化创意价值的挖掘，进而更深入地探索中国传统文化，力争将马连道打造成为首都的文化符号。

30 年只是历史长河中短暂的一瞬间，马连道在短暂的时间内创造了奇迹。30 人只是马连道万余名茶叶从业者的代表，其他广大茶商在马连道 30 年的发展中也同样书写了自己的辉煌，做出了重要贡献。

此书的策划出版得到了马连道建设指挥部的指导和关心，在此表示衷心的谢意！

2019 年 6 月

总序

中国茶 马连道30年·30人

品牌篇

目录

中国茶 马连道30年·30事

大事记

中国茶马连道

CHINA TEA

30年·30人·30事

京城茶叶第一街

中国茶 马连道30年·30人
‖ 品牌篇 ‖

城中茗香，不负韶华。他们大多在马连道摸爬滚打了20年以上，将汗水洒在马连道，将青春奉献给中国茶。

他们是"中国茶叶第一街"的顶梁柱，他们将优质的茶叶送到消费者手中，他们凭借信誉铸就了独特的流通品牌，再过几十年，他们或将成为新时期的"中华老字号"。

风物长宜放眼量，在新时期马连道的转型升级中，他们凭借品牌的力量成为马连道未来发展的引领者。

　　一片树叶，一番事业。汇英集萃，融入绿茶的蓬勃、红茶的热忱、白茶的本真、黄茶的胸怀、青茶的持久、黑茶的醇厚和花茶的芬芳。人生如茶，有容乃大，不忘初心，圆梦京华。

"京华"犹逐梦
已然御长风

北京二商京华茶业有限公司改革发展纪实

◆ 吴 震

京华，京城之美称。因京城是文化、人才荟萃之地。有古诗为证："京华游侠窟，山林隐遁栖""京华之地，衣冠所聚""六街三市通车马，风流人物类京华"，等等。

在当代，京华特指北京。在北京商贸流通领域，"京华"则是特指国有企业——北京二商京华茶业有限公司，人称"京华茶业"。1950年，中国茶叶总公司北京营业处组建；1954年，更名为"中国茶叶公司北京分公司"，这是北京二商京华茶业有限公司的前身。同年，茶叶加工厂迁址到广安门外马连道14号。从此，京华茶业与马连道结下了不解之缘。

还在公私合营时期，北京茶叶系统的庆林春、福建春、巨祥泰等约40家老字号茶庄都汇聚到了京华，由此，京华茶业聚集起首都老茶庄的人才，继承了传统制茶技艺、拼配工艺及茶文化，奠定了计划经济时期在北京茶叶市场"一统天下"的格局。

在企业发展过程中，京华茶业最先开启袋装茶销售的先河，创出北方销售区的几个之最：花茶拼配机械水平最高；北方销区单位销茶量最多（最多的时候，每年可拼配茶叶20余万担*，年销茶达16万余担）；技术力量最强；仓储面积规模最大……

从"京华"商标到"京华茶业"

1983年，公司注册了"京华"茶叶商标，这是新中国首批注册的茶叶类商标。1984年，公司创办"新茗茶庄"，这是马连道街第一家专营茶叶的店铺。在"京华"的带动下，来自五湖四海的茶商开始在马连道扎堆开店。业界公认，"京华"是马连道茶叶第一街的形成之基、立市之源。

---

*担为非法定计量单位。1担=50千克。——编者

京华开始出击市场了。1988年，成立北京茶叶总公司；1990年，北京第一个茶道馆——"北京茶道馆"建成。1992年，"京华"商标被评选为北京市著名商标。1993年，北京茶叶总公司被国内贸易部认证为"中华老字号企业"。正当京华向着一个个目标奋力前行的时候，历史却给他们开了一个大玩笑——1999年，与联合利华食品公司签订资产并购及房屋租赁协议——"京华"品牌退出了市场。

从此，"京华"品牌销声匿迹，北京国有茶业陷入低谷。

人们评价说：这是在茶叶流通领域国有经济为品牌建设所付出的代价——笔价格不菲的"学费"。

诚如一位伟人所说：没有哪一次巨大的历史灾难不是以历史的进步为补偿的。正因为这次挫折，人们看到，在茶叶流通领域，北京国有经济对品牌建设的坚定执着的精神和百折不回的毅力，是局外人很难理解的。

2007年，经过多方努力，北京茶叶总公司终于与联合利华有限公司签订了回购"京华"注册商标的买卖合同。恰如颠沛流离在外漂泊多年的游子扑向家门，离家8年的"京华"品牌终于回家了！

重新擦亮"京华"品牌，京城国有茶企仿佛又被赋予了新的灵魂。

2011年，北京茶叶总公司与北京绿世缘食品开发有限公司合并重组，成立北京二商京华茶业有限公司。

至此，"京华"不仅是茶叶品牌，更成为京城茶界国有经济的代表。京华人塑造自己的品牌，是在做大做强国有经济。

强国梦、强企梦与品牌梦、个人发展梦如此美妙地融为一体……

铸就"京华"

人们看到，即使在京华品牌流失的日子里，北京茶叶总公司的干部员工也在苦撑危局，探寻企业突围振兴之路。

以彭广义、刘枝为代表的京华人，在1999年到2011年这段岁月里，做出了开拓市场、重塑品牌的一系列大动作：回购京华商标，拓宽经营渠道，重新构建首都消费市场……他们为企业发展和品牌塑造立下大功。

以杜广敏、鄂萍、王贵亮为代表的京华人，在2011年到2014年间，为京华发展做出了新贡献。他们大力推动公司合并重组，初探规模扩张之路；他们启动企业振兴、品牌复兴计划，使京华品牌的影响力不断得到提升……

2014年，京华茶业的"接力棒"传递到以任长青、朱泉华为代表的新一代领导集体手中。

党的十八大之后，党中央为北京规划出"全国政治中心、文化中心、国际交往中心、科技创新中心"的定位。北京市围绕首都"四个中心"定位，提出了"四个服务"的理念，即：为中央党、政、军领导机关的工作服务，为国家的国际交往服务，为科技和教育发展服务，为改善人民群众生活服务。

据此，任长青代表京华茶业提出：围绕首都"四个中心"定位，提升企业"四个服务"水平，以茶叶经营为重点，以专业市场为依托，以文化交流为平台，以科学管理为保障，打造行业领先的现代化茶企业。

"京华"品牌被雪藏8年，却成就了张一元、吴裕泰等京城"茶叶大咖"的地位，他们坦陈，那8年是他们发展壮大的"天赐良机"。"京华"品牌被成功回购时，张一元、吴裕泰在经营网点数量等方面已经大大超越了京华。

以任长青为代表的京华人，面对现实，积极学习，他们主动与张一元、吴裕泰等知名企业加强联系，虚心学习，对标分析，寻找差距；同时，积极主动地与北京市茶业协会、中国茶叶流通协会等行业组织加强沟通，参加了北京春茶节及各类行业论坛，提高京华的"出镜率""参与度"，扩大品牌影响。

京华茶业还组织人员深入广西、四川、湖北等茶叶产区拓展业务；到山东、山西、河北等地考察学习专业市场的升级管理经验；与食品协会、茶行业协会、专业市场行业协会、农产品行业协会等加强互动，挖掘和积累各类社会资源。他们与政府有关部门加强沟通，为企业长远发展谋求新的机遇与发展空间。

在茶叶销售上，他们注重制造营销热点话题，推出"早春龙芽进北京""西湖龙井降京城""春茶节上一元茶""专家客座养生堂""防暑降温喝京华""中秋国庆惠万家"等系列推广活动。同时，加大品牌宣传力度，扩大品牌影响力；积极参加集团组织的"首都媒体走国企"宣传活动以及各类高规格的论坛和展销会等，使京华品牌在更高、更好的平台上得以展现。

随后，他们大力加强新品研发，向创新要效益。他们与云南临沧市临翔区政府签订战略合作框架协议，并与当地临沧邦泰集团实现强强联手、资源共享，开发出"京华·昔归"系列名品普洱茶；为电商渠道开发出茉莉花茶、富硒绿茶、茉莉云梢等网销茶；为经销商渠道开发出小叶花、铁观音等袋泡茶；为团购渠道开发出"高山流水"龙井等成品礼盒等。这些单品丰富了公司的产品系列。

2016年春节前夕，京华茶业与北京电视台合作拍摄了春节特别节目"大年初二回娘家"，对京华茶叶等老字号产品进行专题报道，社会反响大，宣传效果好。

京华茶庄燕郊店是京华茶业结合京津冀一体化、加强门店开发策略的落地成果。他们还在北京城区、京南机场新空港辐射区、通州北京城市副中心等热点区域加大门店开发力度，有效扩大了企业连锁规模。

进入"十三五"时期。京华茶人以更加昂扬的斗志和拼搏精神实现着自己的目标。他们积极落实"双品牌"战略，努力向产业链上游延伸。京华先后与安徽祥源茶业公司、广西农垦茶业集团、云南滇福瑞古茶树公司、安徽黄山六百里太平猴魁茶业公司等茶企合作，联合开发京华祁门红茶、京华大明山黑茶、京华六百里猴魁、京华冰岛普洱等双品牌系列产品。他们高度关注茶园基地建设，加强茶园基地施肥、除草、植保管理及周边环境清理，强化基础，加大有机茶园建设及认证申请力度。以技术检验检测为抓手，确保食品安全。公司采购入库原料合格率和出厂产品检验合格率均达100%。

他们不仅通过北京卫视《天涯共此时》"一带一路"大型新闻行动，将京华茶叶作为"中国礼物"送出国门，走进巴基斯坦等"一带一路"沿线国家，还直接参与完成了"一带一路"国际高峰论坛食品供应服务保障任务。他们努力做好党的十九大、全国及北京市"两会"、北京市党代会等重要会议的会供工作，彰显国企的政治责任和社会担当。

一分耕耘，一分收获。2017年，京华茶业收获社会各方面经营管理类奖项30项，并荣获"首都文明单位"称号。2018年，京华茶业连续第九年被中国茶叶流通协会授予"中国茶叶行业综合实力百强企业"。

打造北京茶叶博物馆

在京华茶文化建设史上，乃至全国的茶文化发展史上，北京茶叶博物馆都是值得大书特书的一笔。

京华茶业在做好主业经营的同时，努力探索文化创意产业的发展和延伸。京华茶业在业内率先引入文化思维，打造了文化创意产业项目"京华茶业大世界"；建设了以"弘扬中国茶文化"为主题的北京茶叶博物馆，与杭州的中国茶叶博物馆构成了中国茶界的"双子星座"。

进入北京茶叶博物馆，才能真正体会到"中国茶文化源远流长，博大精深"。博物馆分设为序厅、茶之源流、茶之内涵、茶之体验、尾厅五部分，展示了中国茶文化的起源、发展及传承。展馆充分运用灯光渲染、实物展示及实景还原、电子翻书、幻影成像、沉浸式体验等高科技手段，使观者获得视觉、听觉、触觉等全方位体验。

任长青认为，京华茶业投入巨大的财力、物力、人力建设北京茶叶博物馆，是国有企业履行首都"四个中心"职能的重要窗口，是积极践行创新驱动发展战略的成果，也是京华茶业抢抓时代机遇、主动转型升级的积极探索，更是打造茶品牌、弘扬茶文化、以文化自信增强国有资产的市场活力、影响力与抗风险能力的重要体现。

北京茶叶博物馆是目前北方规模最大的茶叶博物馆。茶叶博物馆开馆运营，立刻形成轰动效应。自2016年8月18日开馆以来，受到社会各界广泛关注，多国驻华使节，各级政府有关部门领导，行业协会专家、领导以及上下游产销区的重点企业负责人，或到访参观，或洽谈合作，使茶博馆在较短时间内获得了良好口碑。自试营业起，茶博馆陆续承办了"首都国企开放日——北京茶叶博物馆路线"活动、香港大学生国情课程班访学活动、"京华茶人叙花茶""老艺术家进京华""马连道茶文化公益课堂"等活动。2017年，博物馆全年举办各类文化活动近百场，接待国内外参观游客15 000余人次。

北京茶叶博物馆开馆，立足于"四个中心"首都城市定位，参与组织开展"一带一路"主题外宾春茶品鉴活动，得到了主办方和西班牙、乌克兰、印度尼西亚等近30个国家和地区使节、参赞的交口称赞。

京华茶业还热心参与"全民饮茶日活动"等茶文化盛事。作为一项全国性、普及性、公益性的科普活动，全民饮茶日活动旨在普及茶叶科技、历史、文化知识，推动全民饮茶，促进茶叶消费。每年4月20日谷雨时节，北京春茶节暨全民饮茶日启动仪式都会在北京马连道举行。

任长青表示，连续承办北京全民饮茶日活动，是京华茶业服务大众消费的重要举措，旨在为京城茶界、商界与广大消费者之间搭建沟通的桥梁，通过普及茶知识、弘扬茶文化、扩大茶影响，倡导茶为国饮、科学饮茶的健康生活方式，营造全民"知茶、爱茶、饮茶"的氛围。

"喝好茶，选京华"是老百姓对京华的忠诚和信任。伴随着京华茶业一步步对茶文化的深入发掘和传承，他们将会走得更加稳健……

人才强企数品牌

以任长青为首的京华"一班人"认为：与打造京华茶业品牌同样重要的工作是企业人才的培养。人才不仅决定着企业的兴衰成败，更制约企业品牌的起落枯荣，要打造京华茶业百年品牌，抓好人才培养是企业的根本任务。

任长青上任伊始，就部署并强调"落实人才强企战略"。公司党委建立了网上网下联动、高校职校互补、复合专业兼顾、社招内招并存的"四位一体"人才引进渠道。他们紧紧抓住人才的引进、培养、使用和管理四个关键环节，全面推进"党务人才、经营管理人才、专业技术人才、高技能人才、青年后备人才"五支人才队伍建设。

他们求才若渴、培训培养、严格考核、多方激励的结果，是各种人才不断涌现的局面。一线职工李莉作为销售门店店长，刻苦钻研业务，荟萃众家之长，以"一抓准""一口清"等绝活和热情周到的服务，赢得了顾客与同行的赞誉，被称为"当代女版张秉贵"，荣获"北京市劳动模范"称号，并被聘为二商集团第四届首席职工，成为京华茶业员工的一面旗帜。

京华人积极拼搏，精益求精，努力传承"工匠精神"。2015年，京华茶庄店员孟醒荣获"北京市商业服务业服务技能大赛系列活动评茶员项目"第八名；2016年，京华牡丹园翠微店店长王照影荣获"北京市三八红旗手奖章"；马连道店店长李莉被评为"国企楷模·北京榜样"优秀人物；生产加工部一线职工马涛在北京市商业服务业技能大赛——"评茶员竞赛项目"中进入前十名，被评为"北京市十大优秀技术能手"；2017年，4名一线职工进入"2017北京市商业服务业服务技能大赛"前十名，生产加工车间职工高顺、甘家口店店员曲国静分列评茶员项目第二、第九名，青年技术人才谷艳菲、孟醒分列茶艺师项目第三、第九名。职工的专业技术能力得到普遍锻炼与提高。

公司工会深入开展"提质做贡献 建功'十三五'共圆京华梦"主题劳动竞赛活动，通过组织职工参加各类技能培训、开展"职工大讲堂"、组建茶艺表演队、成立"劳模创新工作室""智慧速递"合理化建议征集、落实"安康杯"竞赛等多种方式，融入企业中心工作。他们邀请有关单位女领导、女劳模和女先进工作者们在"三八节"走进京华茶业公司，共品佳茗，共赏茶艺，宣传京华品牌。他们组织"送温暖""送清凉"困难职工帮扶、职工劳动权益保护等工作。他们以"党建带团建"，调动团员青年服务企业、立足岗位做贡献的积极性。公司开展丰富多彩的文娱活动调动职工积极性，增强企业凝聚力。

在"中国农产品流通改革开放40周年表彰大会"上，京华茶业公司、员工及所属商户获得12项荣誉称号，如：北京市京华沅茶叶市场荣获"带动农民脱贫致富全国先进单位"，并获得"最具社会责任感市场"称号；京华茶业大世界荣获"创新探索市场"称号；虞秀莲荣获"最美农批人"称号；高宝庄荣获"农批党员不忘初心，牢记使命发光发热"优秀党员称号，并获得"优秀工作者"称号……

京华茶业把人才培养与党建、管理和工会、妇联、共青团以及企业文化等工作融为一体，形成齐抓共管培养人才的合力，又在培养人才过程中推进企业发展、品牌塑造及各项工作，形成企业各个环节和方面共荣共进与整体生机勃勃的良好局面。

这正是任长青等京华"一班人"所希望的。

牢记初心创辉煌

任长青认为，作为国有企业，只有加强党的领导、党的建设，才能凝聚各方力量，保障企业健康稳定发展。

2018年上半年，公司党委以习近平新时代中国特色社会主义思想为引领，夯实党建基础，激发组织活力，把党的十九大精神转化为企业改革发展的强大动力。领导班子成员坚持做到先学深学，勤学自学，瞄准学习的重点，带着思考学，带着问题学，努力提高学习的针对性和有效性。他们引导党员干部悟初心、守初心、践初心，始终保持永不懈怠的精神状态和奋斗姿态，投入到公司改革发展的各项目标任务中去。他们不断提升公司党建水平，提高班子成员的思想政治、业务素质和履职能力水平。

公司党委结合企业实际，不断完善法人治理结构，修订并下发公司《党委会议事规则》《董事会议事规则》和《经理办公会议事规则》，严格按议事范围和程序开展工作。

他们以建立健全反腐败关口前移机制和"三重一大"决策制度执行监督为重点，做好反腐倡廉，从源头上预防小官巨贪等现象发生，为企业健康发展保驾护航。

他们狠抓基层党组织建设，严格支部管理，抓好党员队伍，明确各党支部、共产党员在企业改革发展中的职责与任务。他们开展"争创食品产业核心集团，我为京华茶业建言献策"大讨论；按要求组织开展各类党建学习活动，丰富组织生活方式，并积极吸收先进分子加入党组织……

作为京华茶业带头人，任长青的工作得到了党组织和社会方方面面的认可。2016年，任长青被中国茶叶流通协会授予"中国茶叶行业年度十大经济人物"，当选北京市西城区人大代表，并荣获二商集团颁发的"优秀经营管理者奖"；2017年，任长青荣获"中国农产品供应链建设先进个人"称号。在纪念改革开放40周年时，任长青荣获"农批党员不忘初心，牢记使命发光发热"优秀党员称号以及"中国农产品流通改革开放40年最美农批人"称号……

身为京华茶业公司党委书记兼董事长的任长青，对各种奖项和荣誉称号看得很淡。他说：适逢中国特色社会主义进入新时代，我国提出"一带一路"倡议、实施京津冀协同发展战略以及北京疏解非首都功能、建设北京城市副中心等，为京华茶业改革发展提供了难得的历史机遇。我不过是在特定历史条件下做了应该做、可能做和必须做的事；这些奖项与其说是授予我本人的，不如说是对京华茶业改革发展和全体职工努力的肯定。在京华茶业改革发展的"接力赛"中，我不是第一棒的选手，也肯定不是最后一棒的选手。在庆祝改革开放40周年、马连道茶叶一条街发展30周年的历史节点上，我能以京华茶业负责人的身份参与其中，这是自己的历史幸运，但同时也就赋予了我必须无愧这段历史的责任和担当……

人们看到了任长青的"座右铭"——

"一片树叶，一番事业。汇英集萃，融入绿茶的蓬勃、红茶的热忱、白茶的本真、黄茶的胸怀、青茶的持久、黑茶的醇厚和花茶的芬芳。人生如茶，有容乃大，不忘初心，圆梦京华。"

这与其说是京城茶界国企老总的情怀，毋宁说是国有企业制胜茶叶市场的执着自信、价值追求和责任担当……

　　马连道茶城作为祥龙集团、一商集团所属企业，虽然其物理空间是有限的，但作为沟通产销两地的桥梁以及广大茶友一窥茶叶世界的窗口，其品牌与服务的发展空间是无限的。我们愿与茶界同仁通力合作，发掘马连道茶城无限的潜能，共同为消费者奉上一杯健康好茶，共同为北京的马连道增光添彩！

张显森

京城马连道
荣耀铸茶城

马连道茶城改革发展纪实

◆ 赵光辉

西方有句谚语叫"罗马不是一天建成的"，是说被誉为"永恒之城"的罗马是积累了千百年、一代一代人的心血和汗水的结果。

从1988年算起，30年的时间，马连道茶叶一条街从无到有、从小到大，成为享誉全国乃至海外的"中国茶叶第一街"。这个发展的过程融汇了政府、茶区、茶企、茶商多方面的力量。如果非要推出在其中发挥作用最大的企业，别的企业可能不能服众，但如果选马连道茶城，一定能得到马连道这条街上绝大多数茶叶从业者的认同。

从马连道茶城经理张景森口中，我们了解到了大家都熟悉的马连道茶城那些我们并不熟悉的前世今生。

"引领风气"

2000年，马连道茶城正式开张营业。

今天大家都知道马连道是"中华茶叶第一街"，这个"第一"是那批开拓者一点一点干出来的。当时没有产业划分、顶层设计之说，大家都是在改革开放大背景下探索前行。面对新的定位和客群，积攒人气成为首要任务。茶城领导班子根据当时市场情况，对入驻茶城的第一批商户给予一定的优惠政策，帮助商户在市场内站稳脚跟。那些最早从茶山上下来，来到北京两眼一抹黑的第一代茶商有的就是从马连道茶城开始了事业的第一步，他们的人生也由此而改变。

2001年，上下4层、近3万平方米的马连道茶城（另外16层近2万平方米为写字楼）已经实现收支平衡；到了2002年，基本招商完毕，并实现了盈利。实践证明，马连道茶城的定位和方向是正确的。从那时起，马连道茶城的出租率就一直保持在90%以上！

2003~2012年，是马连道茶城快速发展的阶段。近300家经营茶叶和茶具、茶配套产品的商户进驻，使马连道茶城呈现了旺盛的活力，盈余逐年增加。这期间，茶城通过强化管理与服务，让商户安心经营、顺利发展；茶城还联合马连道所在地政府、茶产区政府以及多方资源，开展了多种多样的推广活动，扩大马连道茶城的社会知名度与行业影响力。不知不觉间，伴随着马连道茶叶一条街的兴起与繁荣，马连道茶城成为马连道地区茶叶流通领域最有影响的企业之一。

2013年，马连道茶城第一任经理张喜光荣退休，张迎春接任。他在加强物业出租管理的同时加强硬件提升，改善经营环境。同年，马连道茶城组织了第一场茶文化沙龙活动，并探索多项经营，向转型升级的道路迈出第一步。

"与时俱进"

2016年，张景森出任马连道茶城新一任经理。他说：马连道茶城发展至今，不断壮大，是历任领导和职工辛勤付出换来的。如何传承、如何把马连道茶城推向新的发展阶段是我们面临的大课题。一方面要对集团公司负责，把茶城搞好，让国有资产增值；另一方面，把茶城管理和服务提上去，与时俱进，跟上时代。

张景森认为，马连道茶城开张运营已经将近20年，市场日新月异，管理和服务也需要不断更新、创新。通过近十年的观察发现，茶叶消费从暴发式转向平稳的日常消费常态化，流通领域的商户也从过去的冲动、抢抓机会向理智、稳健转变。相应地，茶城的运营也需要新策略和新思维。经过对市场和商户的调研，茶城领导班子为新时期的茶城运营制定了"以人为本，科学管理，持续改进，控制风险，质量先行，绿色高效，争创品牌，合作共赢"的新目标。

怎么落实这些方针呢？茶城领导班子研究决定，从五个方面来落实推进。

一是逐步完善茶城附属配套功能，确保使用功能安全运行，打造"安全茶城"。茶城这样人流集中的公共场所，必须把安全放在第一位。张景森强调说，这个问题上绝不能有一点闪失！

二是加强制度建设，打造"秩序茶城"。马连道茶城是茶文化的展示窗口，管理的规范和提升是必需的。比如茶城管理有个传统，就是经营者不得在商铺档口吃饭：茶叶最害怕异味，消费者来茶城也喜欢茶香四溢。好环境就是营销、就是效益。通过由茶城干部职工和广大商户沟通，取得商户理解，思想工作做通了，再辅之以奖惩措施，茶城的体验舒适度有了明显提升。

三是践行绿色发展理念，强调维护功能、使用功能，逐步降低各项费用支出，打造"节约型茶城"。经济社会的转型升级方向之一就是推进生态文明、绿色发展，实现可持续发展。落实在茶城的建设管理中，除了在茶城推进节本降耗外，还应紧扣时代脉搏，积极引导茶商在产品开发、包装、运营中倡导绿色节约理念，共同营造绿色消费、绿色生活新风尚。

　　四是提升服务功能，强调服务理念，打造"服务型茶城"。在运营过程中，茶城的管理服务硬件需要不断改进。茶城的建设不可能一劳永逸，改进提升是个不断持续的过程。原有的设备设施系统仍需要不断完善，管理规章需要提升并达成共识。只有这样，才能为商户、为消费者提供良好的服务和体验，实现茶城与商户、商户与顾客的双赢。

　　五是做好茶城宣传，不断扩大传播，打造"品牌茶城"。要通过茶城的品牌提升，使各方获得品牌溢价。茶城的管理运营提升了，用户体验和美感享受提升了，消费者自然愿意在此消费。正是在这个指导思想下，2018年，茶城领导们在寸土寸金的茶城三楼打造了一个"马连道客厅"，用来开展茶文化讲座、茶艺培训、茶叶品鉴、消费交流互动，旨在拓展茶城的品牌内涵。张景森认为，马连道一条街不能仅仅是围绕茶叶的一买一卖，还要为消费者和市民提供购买之外的品鉴、学习、休闲价值。这就是马连道客厅的方向，也代表着茶城的新功能。

"引导风向"

作为首善之区，北京市民爱喝茶，喝茶的传统也很悠久。但由于茶叶市场流通领域发展的局限，在过去相当长的一段时间里，北京市民茶叶消费比较单一，最主要的茶叶消费品种就是茉莉花茶。在 20 世纪 90 年代，花茶销量占到北京所有茶叶销量的 90% 以上。

然而，随着马连道街区的发展，全国各地的茶商云集此处，虽然他们很多人最初都是通过经营花茶来到马连道的，但在经营花茶的同时，也会逐渐带来花茶之外自己家乡的茶叶。正是这些越来越丰富的茶叶品类，逐步推动着马连道茶叶的品种日益丰富，也极大地丰富了北京市民饮茶的选择。

具体到马连道茶城，最早一批站稳脚跟的是来自福建安溪的茶商。他们逐渐把铁观音茶带进北京，成为改变北京茶叶市场产品结构的先声。尤其可贵的是，福建茶商具有悠久的商业传统和敏锐的商业嗅觉。短短时间里，他们就成功地把具有绿茶清香和天然花香又具有醇厚口感的安溪铁观音推荐给了北京人，并赢得了喝惯花茶的北京人的喜好，安溪铁观音迅速走红，进而走出马连道，辐射、影响了整个北方市场。据统计，到 2004 年，北京花茶的销售占比已经下降到了 60% 左右，很大一部分消费者变成了铁观音的粉丝。

一方面是消费者越来越高档、越来越多样的需求，另一方面是六大茶类近千个品种的茶叶和茶具产品，马连道茶叶一条街架起了连接产区销区、沟通供需、促进消费的桥梁。一方面是越来越挑剔的消费者的口味，另一方面是不断创新的茶叶企业和产品。马连道茶城在引导企业摸准市场、培育提升茶商经营服务能力方面积累了丰富的经验，不仅扶植培育了一批茶企不断壮大，更在引领茶叶产品升级换代、茶叶消费风向变化方面发挥了"旗舰"的作用。

张景森告诉我们，继铁观音首战告捷之后，普洱茶、金骏眉红茶等在马连道茶城次第登场，各领风骚，创造了一个又一个茶叶品类市场营销、大众消费的新业绩。随着各大茶类在马连道茶城的竞相亮相，北京百姓茶杯中的内容也日渐丰富起来，北京人喝茶的品种越来越丰富，这一点可以从近年花茶在北京的消费占比逐年下降得到印证。据北京茶业协会统计，至2012年，花茶销量只占到北京茶叶销售总量的24%左右。

如今的马连道茶城在产销桥梁的身份之上又增添了一个新功能——"茶叶风向标"。由于马连道茶城茶叶品类齐全，加之入驻商户不乏各个茶类的领军企业、领军品牌，现在你想了解京城茶叶市场的风向和趋势，只要在马连道茶城中随便转一圈，看看这里茶商的柜台上都摆着什么品种，就能大致判断出当前北京乃至整个北方销区市场正在流行什么茶品。

近几年，白茶作为一个小众的品种，越来越受欢迎，可谓在短时间内异军突起。其实这背后经历了很长时间的准备和艰辛的推动。白茶在北京市场的走红，既有产区政府不断宣传推广的功劳，也与马连道茶城内众多福鼎茶商的坚守和推动密不可分。张景森说，马连道茶城市场内目前共有24家福鼎茶商，其中有不少是从茶城开业伊始就入驻经营的，算下来已经有快20年了。那时由于福鼎白茶并不为人所知，所以大多数福鼎茶商都以经营花茶为主，用花茶的利润坚持、坚守，耐心地培育、养护白茶市场。这些福鼎茶商在客人选购完花茶之后，都会介绍一下自己家乡的特产白茶，甚至免费送客人一些福鼎白茶品尝。日积月累，春风化雨，福鼎白茶在北京消费者的心中越来越有好感和知名度。白茶那特有的毫香，也俘获了越来越多北京茶客的味蕾。终于，马连道茶城陪伴这些福鼎白茶商户一起迎来了白茶的春天。

"驶向未来"

张景森说："我接任茶城经理以来，一直深感压力。因为市场变化太快，竞争激烈，不进则退。因此企业要居安思危，着眼长远，方能永远立于不败之地！核心的要务是提升茶城的竞争力。抓手就是前面谈到的五项举措，最终要形成综合治理、协调发展，打造文化茶城、效益茶城、智慧茶城。"

张景森详细地介绍了他们未来的发展思路：第一，明确自身定位。他说，企业应承担商务物业出租、商业物业出租、茶叶流通三方面职责，要在这三个方面同时发力，不能继续依赖单一的商务物业出租的经营模式。第二，明确以消费者需求为核心的经营理念。一个实体市场能否生存与发展，关键在于是否能够赢得消费者，不能满足消费者需求的市场不可能长期存在。第三，要培育优质商户。优质商户不仅能提供租金，还能为流通企业提供优质的产品，并与企业共同发展。第四，要逐步转变茶城功能。逐步打造茶城的品牌影响力及在消费者心中的美誉度，将市场内商户对马连道路11号这一物理空间的需求，转变为对于马连道茶城这一消费者认可品牌的背书需求。第五，改善物业条件。硬件条件是企业正常运营的保障。在现有条件下，应逐步进行维修、改造，满足安全运营要求以及商户、消费者需求。最后，他强调，干事离不开人，马连道茶城发展至今，离不开上级公司的支持，离不开茶城历任领导的艰苦努力，更离不开全体干部职工和商户的大力支持和辛苦付出。

张景森说，马连道茶城作为马连道上体量比较大的专业商场，其实其物理空间是有限的。但作为沟通产销两地的桥梁以及广大茶友一窥茶叶世界的窗口，其品牌与服务的发展空间是无限的。我们愿与茶界同仁通力合作，发掘马连道茶城无限的潜能，共同为消费者奉上一杯健康好茶，共同为北京的马连道增光添彩！

漫步在马连道这条街上，就像行走在茶的海洋，而马连道茶城就像一艘巨轮，正接续自己的辉煌航程，驶向新的未来！

　　让世界爱上中国茶！我呼吁，大家支持茶的产业，
中国有几千万农民，都是靠采茶、做茶、卖茶来生活。
如果茶的品牌能够做大、做强，走向全世界，我们将带
动中国很多农民的致富和乡村振兴。

一辈子，只做一件事，
用匠人的精神，做好中
国茶！

"宁红"三生梦
"更香"中国茶

记北京更香宁红茶业有限公司俞学文、朱丽俐

◆ 赵光辉

　　2018年8月6日，北京，中央电视台梅地亚中心，"国茶宁红——亚运国礼发布会"上，宁红集团被亚洲运动会组织委员会（简称"亚组委"）授予第18届亚洲运动会（简称"亚运会"）官方支持合作伙伴，宁红集团宁红茶被亚组委授予第18届亚运会官方唯一指定用茶。

　　这是近年来中国茶界少有的喜讯——中国茶在国际舞台成为引人注目的重要符号！

　　而这背后是俞学文、朱丽俐夫妻的事业——23年前从家乡浙江到北京马连道卖茶创业，成立更香茶叶公司率先发展有机茶，再到成立宁红集团，终使中国茶扬威国际舞台的发展历程。

浙江武义山村的致富能手

1969 年 9 月，俞学文出生在浙江金华武义县一个偏僻的山村。贫苦的生活锻造了他勤奋敢闯的个性。他心中有个强烈的愿望，要通过努力改变生活。

高中刚毕业那一年，他就办起了养猪场。冬天小猪生病了，他竟跳进猪圈用体温给小猪当"棉被"。几年下来，他养过鱼、养过鸭、种过果树、承包过茶园。21 岁那年他就盖起了三层小洋楼，骑上了当时农村最风光的摩托车，成了远近闻名的致富能手。

同时，他还收获了珍贵的爱情。最初，他聘请武义县城里的老朱给自己当法律顾问，后来他喜欢上了老朱家聪明能干的女儿朱丽俐。貌不出众但精明能干的俞学文最终用自己的诚心叩开了姑娘的心扉。最终，姑娘嫁给了他，并陪他一起闯荡世界，成就了今天的事业。

茶叶盒给他们带来"第一桶金"

1995 年 5 月 4 日，俞学文携新婚妻子，乘火车第一次来到首都北京。

干什么？卖茶！

原来，在承包经营茶园时，俞学文发现，家乡的好茶藏在深山无人识。当时他就暗下决心：总有一天，我要把家乡的好茶带到大城市去！

于是，两人来到北京，首先去看了从小魂牵梦萦的天安门。北京的现代气息让他们下定决心——要在北京干出一番事业！

最终，是茶叶让他们选定了马连道。多年后他们还记得，那时的马连道茶叶街可没有现在的繁华。一条土路贯穿南北，路边只有四五家店铺，白天顾客就不多，到了晚上，路灯昏暗，连行人也见不着。

守着马连道那个小门面，俞学文每天骑着用 60 块钱买来的旧自行车走街串巷推销茶叶。半年下来，从家乡带来的一些茶叶卖出去了，可是利润薄，仅能维持生计。夫妻二人开始琢磨，怎么样才能把茶叶卖得更多呢？

他们发现，北京人买茶叶都是用白纸"四方包"一包就走，而南方是用漂亮的茶叶盒装好的。对！北京没有的茶叶包装盒一定能赚钱。主意打定，他们很快从杭州购进一批款式新颖的茶叶包装盒，再到一家一家茶叶店去推销。

"开始人家是拿几个试试看，后来发现用茶叶盒装的茶叶真的很好卖。于是街上的茶叶店就整箱整箱来拿货。一箱茶罐卖出去，利润就有上百块，比卖一箱茶叶赚得还多。"于是他们接二连三地从杭州进货，包装盒品种越进越多，货也越卖越快，有时新货直接就被街上的茶叶店瓜分了。一年下来，茶叶包装生意就赚了三十几万元。

进京创业的"第一桶金"，让在马连道小有名气的俞学文夫妇信心更足了。

"更香" 茉莉花茶

有了第一桶金，俞学文夫妇的目光又投向了北京人最爱喝的茉莉花茶。

北京人爱喝闻着香、泡着香，喝四遍都香的茉莉花茶。当时花茶销量占整个北京茶叶市场茶叶销量的 95%，消费潜力很大。如何在茶商林立的市场赢得生机？

俞学文夫妇决定自己加工茉莉花茶！他们到广西承包花茶加工厂。别人窨花一次两次只有表香，他们就窨花五次六次甚至七次。因为花茶没有最香，只有更香。虽然他们的花茶成本高、售价高，但在北京市场一炮打响，清雅醇厚的清香赢得了北京人民的赞许。

1998 年 5 月，俞学文夫妇在北京注册成立了北京更香茶叶有限责任公司。从马连道起航的小船，开始有了自己的名号。2016 年注册成立北京更香宁红茶业有限公司，开启新征程。

从马连道掀起中国茶产业"绿色革命"

眼界开阔了的俞学文夫妇把目光投向了世界。当了解到欧美已经兴起了有机食品时，他们立即意识到有机茶将是茶叶发展的趋势。于是，他们率先在马连道掀起了一场茶叶的有机革命。

他们在中国农业科学院茶叶研究所的技术指导下，在家乡武义建立了有机茶生产基地，培育了有机茶的科研人员和生产人员。2001 年，他们创建了浙江更香有机茶业开发有限公司。又在广西横县建立了有机茉莉花茶基地，茶品一经推出，立即成为市场上的亮点。

更香有机茶业开发有限公司先后通过了 ISO 22000 食品安全管理体系认证、ISO 14001 环境管理体系认证、良好农业规范（GAP）认证；"更香有机茶"通过了欧盟 EC、美国 NOP 和杭州中农质量认证中心"三重"有机认证。

"更香"建立了"从茶园到茶桌"的全程质量控制跟踪体系，卫生质量检测贯穿始终。对每一块茶园、每一天采摘、每一批次生产的茶叶，实行身份认证管理，即产品追溯制度。消费者可通过扫描获取安全信息。

在生产中，一靠茶园的清洁化种植和无害化管理，二靠加工厂建设、设备配备水平和茶叶加工工艺保证。"更香"本着有机农业可持续发展的思想，运用农业、生物、物理的综合防治方法，提倡通过改善茶园生态环境进行害虫的生态调控。更香有机茶通过科学的绿色产业链赢得了市场，产品远销美国、韩国、日本及欧盟国家。出口到国外的有机茶均由采购方派人到场开箱取样，再送德国检测 465 项农残。多年来，更香有机茶公司从未出现一个不合格项目。

"生态更香、茶叶更香、企业更香"的有机茶发展战略目标，使"更香"成为马连道响当当的第一阵营品牌。良好的生态环境、出众的产品质量，使更香有机茶具有了强大的市场竞争力，而家乡丰富的生态有机茶资源，为公司发展提供了巨大的支持。更香公司的有机茶迅速打开了北方市场，丰富了原来花茶一统天下的局面，并逐步形成了花茶和绿茶平分秋色的市场格局。

2004年，更香公司在"京城茶叶一条街"开设了一家全国最大的茶庄，更香总部大茶庄面积5 000平方米，成为更香公司购买产权、自主经营、自产自销的"旗舰式"茶叶销售卖场。

反哺家乡，促进茶产业转型升级

正是由于这些突出贡献，俞学文致富不忘家乡，在浙江老家连续当选第十一届、第十二届、第十三届全国人民代表大会代表，同时也成为马连道茶界的光荣。

身份不一样了，俞学文开始琢磨着将自己的经营目标与食品安全健康理念，与当时的新农村建设和农民致富融合在一起，打造了一条"市场＋公司＋基地＋合作社＋农户"的"有机茶绿色产业链"。2004年2月，"武义更香有机农业专业合作社"成立，俞学文任合作社理事长，这一农民自己的经济实体得到了广大农户的拥护，并获得了"浙江省优秀农民专业合作社"荣誉称号。2006年12月，俞学文因延伸有机茶绿色产业链，连通城乡市场，带领茶农走上致富大道而荣膺"第十一届中国十大杰出青年农民"称号，在人民大会堂受到隆重表彰。

多年来，更香公司的有机茶种植面积、销量和产量均居全国第一，对中国茶产业的健康发展起到了推动作用，并带动浙江各产茶县和其他产茶区10多万农民增收致富。

党的十九大后提出了乡村振兴战略，俞学文夫妻又以有机茶产业为基础，依托武义县特有的生态旅游资源，投资 800 多万元，建立占地总面积 1 000 多亩*，集观光体验、科普教育、示范种植与生态保护四大功能于一体的更香茶文化生态休闲观光农业示范区，设观光茶园、名树观赏园、休闲垂钓区、采茶制茶体验区、茶文化展示区与生态保护区六大功能区块，年接待游客可达 12 万人次。园区的建设对示范带动当地有机茶产业发展，加快农业转型升级起到了积极的促进作用。

组建宁红集团，为行业发展扛旗呐喊

从最初马连道几十平方米的小店，到 5 000 平方米的更香茶叶总部旗舰店，俞学文夫妻一路走来，坚持发扬"干在实处、走在前列、勇立潮头"的"浙江精神"，在马连道这块沃土，不断壮大着茶的事业。

2010 年，他们迎来了一个新的大发展。受江西修水县邀请，更香公司通过认真考察和研究，并购了国有老字号企业江西宁红茶厂，组建了宁红集团，从而使这个百年老字号重新焕发了青春。也才有了本文开头的一幕。

江西省九江修水县是"百年宁红茶"的发源地。所产宁红以其特有的风格而享誉全球，早在 1915 年旧金山万国博览会就曾荣获甲级大奖章,2015 年获米兰世界博览会金奖，历史上有"宁红不到庄,茶叶不开箱"的崇高地位。

组建宁红集团后，作为董事长的朱丽俐抱着为行业发展贡献力量的责任心，殚精竭虑。2018 年 8 月 16 日，就在第 18 届亚运会开幕前两天，朱丽俐来到印度尼西亚雅加达参加国礼交付仪式。她说：宁红集团宁红茶成为第 18 届亚运会唯一指定茶叶，心情非常激动，正所谓"事非经过不知难，道非行过不知艰"。

---

*亩为非法定计量单位。15亩=1公顷。——编者

交付仪式上，名为"世纪彩虹"的系列宁红茶国礼——"康宁红运""紫气东来""翠霓雅韵""碧海金霞"由四个茶尊盛装与公众见面。人们感叹说，它体现了中国的奥运、亚运精神，与"宁红国茶，荣耀世界"的精神一脉相承！

十年磨一剑，朱丽俐说，我们用十年的时间坚持梦想，终于让宁红茶在世界的舞台上为国争光！"走出大山，世界那么大。风雨不在乎，得失全放下！"豪爽的语言中透着不变的初心——从武义大山走到马连道，再走向世界……

为实现茶的中国梦奋斗

多年来，俞学文夫妻两人发展不忘回报社会，回报社会不忘弘扬茶文化。

2001 年，他们在北京举办"万人免费品茶"活动并与当时的宣武区民政局开展"关心困难群体，清茶一杯献爱心"活动；2002 年，他们向低保户捐赠价值 12 万元的有机茶，扶助弱势群体；2003 年"非典"肆虐期间，他们向 10 家医院捐赠价值 15 万元的有机茶，向战斗在"非典"前线的白衣战士献上"更香人"的更香情；家乡修桥铺路，他们援助了 20 多万元；他们还积极为家乡的地方政府分忧解难，更香公司几十家连锁店解决了武义几百人的就业问题。贫困地区、失学儿童……无不牵动着俞学文和妻子的心。

多年来，他们做得最多的还是坚持弘扬茶文化。"茶为国饮"，这已是不争的事实。而俞学文却开创性地提出了"为国饮茶"。他不断在各种场合"推销"茶叶，宣传喝茶的好处，并走进大学校园宣传中国茶文化。他思考的不仅是更香下一步应该如何走，还在思索我们的民族茶产业应该如何发展。

世界茶乡看浙江，首都茶街马连道。俞学文说："我们将坚持走'产—学—研'相结合的道路，立足马连道，放眼全世界，把传统产业做大做强，为中国茶产业又好又快地发展贡献力量"。

党的十九大绘就了新蓝图，而承载中华民族伟大复兴的中国梦，使走进新时代的俞学文和更香茶人几多憧憬，几多奋进。

俞学文表示，新起点，新征程。面对新的机遇，站在新的更高起点上，更香茶叶将加快跟资本市场的对接，进行集团股份制改造，使企业三年内在国内中小企业板块上市，将企业打造成国际品牌，为促进茶产业发展，满足人民对美好茶生活的需求做出更大贡献。

从马连道开始的茶叶之旅，带领着俞学文夫妻两人将中国梦与茶业紧紧联系在一起。

弘扬中国茶文化、振兴中国茶产业，打造具有中国影响力和世界竞争力的国茶品牌、实现中国从茶叶大国到茶叶强国的转变，这是俞学文夫妇孜孜不倦的追求。也是这一片片采天地之灵气摄日月之精华的茶叶托起了他们的梦想。

中国梦应该是绿色的、飘着茶香的伟大情怀和不懈追求！

让中国茶叶"更香"！让中国梦更美！

做好极致的产品，极力服务好客户，使消费者有更多的喜悦感、获得感！

审时布局兴"国饮"
度势担当"大道"昌

记北京御茶国饮茶业有限公司董事长陈昌道

◆ 张蕾　李倩

　　学数学的人，往往思路开阔，逻辑能力强。本科所学专业为陈昌道在茶行业驰骋打下了扎实的基础，他将理科人缜密的逻辑思维模式运用到经营中，在北京马连道开创了茶叶、茶具、茶用品、"茶博会"及"茶业博物馆"的一站式购物营销新模式，打破了国内茶业经营的传统疆界，谱写了茶业新篇章。

　　短短20多年的时间，御茶园在陈昌道的带领下，在马连道乃至全国茶界创下了有目共睹的成绩：老茶品种最多、自有品牌最多、拥有世界上最多的老白茶……

　　成功可以复制，经历却是唯一。在御茶园，陈昌道将他与茶的故事娓娓道来。

机会给了有准备的人

1998 年底，陈昌道踏上了北上的列车，一路从南到北，终于抵达北京。从此他便在这里扎根，而御茶园故事的序章也自此开启。但早在陈昌道来到北京马连道之前，他就已经有了在外闯荡的丰富经验。

陈昌道出生于福建省宁德市，1988 年，成绩优异的他带着家人的期许和同乡人的羡慕进入了福建师范大学数学系，按照正常的人生轨迹，大学毕业后他本应回到家乡成为一名教师。这在别人看来非常不错的工作却丝毫没有打动年轻的陈昌道。相比安稳，他更向往远方，向往更大的舞台。于是，1994 年，陈昌道辞去了安稳的教师工作，只身前往改革开放的窗口——深圳。陈昌道先是在深圳一家公司做业务员，为了离家乡和朋友更近，随后又跳槽到厦门一家台企做高管。

回忆起这段青春岁月，陈昌道依然很感慨，他说："这对我之后的创业非常有帮助。特别是在台企做高管的那段时间，让我对企业的科学管理有了更深的理解。"整个企业严谨的工作态度让他受益匪浅，这段宝贵的职场经历让他这样一个来自农村的孩子具备了成为职业经理人的能力。陈昌道表示，现在回忆起当时学到的企业管理理念，依然不过时。

机会是留给有准备的人。在陈昌道不断学习完善自己的这段时间，机会也在向他靠近。那时,陈昌道有一个同学在北京做茶生意,做得不错,于是邀请他也来北京闯一闯。1998 年底，陈昌道应邀从遥远的南方一路北上来到了首都北京，第一次踏入马连道，也在这里开启了他人生的新篇章，而他的茶路征程，他与御茶园的故事，也要从这里开始讲起。

刚到北京，陈昌道先在马连道及北京城跑了一整年的业务，勤奋、好学、吃苦耐劳的特质让他对马连道、对茶有了更进一步的了解，也让他融入了马连道的生活。2000年，马连道茶城开业，积累了一定人脉和资本的陈昌道在马连道茶城租了一间30平方米左右的茶店，真正当上了老板。其实，中间一段时间马连道茶城的生意并不景气，一些商户也陆续打算撤离。陈昌道的一个老乡打算把自己70多平方米的店面转让，可陈昌道从没打过退堂鼓，他坚定地认为马连道茶城未来一定会发展得很好，毫不犹豫地接手了这家店面。陈昌道说："虽然当时的经营环境不太景气，但这些困难是可以克服的。而且，马连道茶城的硬件条件、地理位置、配套管理等方面都非常到位，所以，我认为如果用心经营，好日子很快就会到来。"果然，马连道没有让一直相信它的陈昌道久等，2002年春节，马连道茶城的生意火了。生意蒸蒸日上，陈昌道却并不满足于现状，他想做得更多。"我当时认为，马连道茶城需要的是真正的茶品牌。但当时马连道地区大多商户从事的还是茶叶批发的业务，很多商户没有品牌意识。未来要做好茶生意，必须做好茶品牌"，陈昌道说。

　　古时为帝王将相供应茶叶的茶园被称为御茶园，陈昌道将自己的品牌命名为"御茶园"。顾名思义，就是希望做茶品牌中顶端的茶叶，顶端的茶器皿。于是，他从一开始就非常注重品牌的建设，而做好品牌的前提则是保证茶叶质量。陈昌道说："我们调研建设基地，都会去找当地曾经的贡茶园，只有茶叶的品质在当地数一数二，我们才愿意跟他合作。"于是2003年，陈昌道回到家乡建立基地，一切从源头抓起。现在来看，不得不佩服他当时的战略眼光——立足当下，展望未来。

时代犒赏有远见的人

陈昌道的家乡福建寿宁，是茶的重要产区。陈昌道自己也身在一个种茶、制茶的家族，他的父亲是一位制茶能手。而且，福建省农业科学院茶叶研究所离陈昌道的老家很近，近水楼台，在陈昌道很小的时候，就从四面八方接触到了茶苗的扦插、茶叶的种植等生产环节，这对他影响很深。

从茶叶生长的地理环境、科技条件、人员配备、加工技术等各个方面，陈昌道在家乡建立茶叶基地都是一个明智的选择，与福建省农业科学院茶叶研究所的合作，让陈昌道在茶叶的种植、加工、生产以及新产品名优茶的开发上都有了新的突破，在源头上有了保证，再加上对品牌塑造的重视，陈昌道在马连道茶城的生意越来越好。

2005 年，一个新的机会到来了。当时，马连道茶城三楼有一处 1 000 多平方米的场地，之前是开茶馆的，但老板不做了要转让，陈昌道动心了，一个想法从他的心里萌芽，"我要做博物馆式的茶叶店。"

想到就做，陈昌道从来都是行动派。虽然这个举动在当时的一些人看来太过于大胆，但事实证明，时代会犒赏有远见的人。当时的精准研判，成就了如今的御茶园。御茶园现如今各个茶类、各种老茶、来自八大官窑的各种茶器，应有尽有，名震一方。

"这些茶器都是我们公司自主研发的，是自己的品牌，我们在景德镇也有研发制作基地。"陈昌道骄傲地表示，这也体现了他当时对做品牌的坚持。如今，在供应链基本建设完成的基础上，他打算开拓茶的产业链。

陈昌道说："御茶园有几个之最，一是老茶品种最多，存货也多，比如世界上 30 年以上的老白茶，基本都在御茶园；二是在世界茶企里自主品牌产品最多，总共有 7 000 多种；三是自主品牌——柏采窑汝窑在国内茶器皿仿汝中排行第一。"

谈起马连道的发展，陈昌道回忆："市场发展到今天，与马连道茶叶总公司在这里选址有很大的关系。众所周知，老北京人最爱的是茉莉花茶，而当时茉莉花茶的加工技术和原料主要集中在福建。所以，当时闽东人来到北京做起了茶叶生意。1992 ～ 1993 年，陆续发展为以店铺为形式，以批发为主要模式，在西城区各级领导的支持和帮助下，马连道蓬勃发展，2012 ～ 2013 年，马连道的发展到了顶峰。"但是，近年来，随着电商的兴起和国家政策调整，马连道出现了一些变化。陈昌道总结为："第一个变化是纯粹做批发生意的企业越来越少，品牌茶在马连道开始慢慢崛起；第二个变化是倒货的商户生意越来越难做，自有基地、自有工厂的生意趋势良好。"

因为对市场的精准研判，御茶园并没有受到这些因素的影响，经营稳步增长。陈昌道说："这条街上六七成都是福建人，是我的老乡，作为北京福建茶业商会的名誉会长，我们想在马连道发展进入瓶颈期时对自己的经营模式也适当升级。未来，传统批发生意、倒货生意将慢慢被淘汰，而品牌化、产品化、现代化的营销理念和方式方法的企业将逐渐崛起，与此同时，电商以及新生的营销模式、商业模式的新生力量就要诞生。"

光荣属于有担当的人

目前，马连道正处在重要的变革时期。"旧的没有摆脱干净，新的还没有发展起来，现阶段应该属于'黎明前的黑暗'。但我相信，黑暗终将过去，黎明终会到来。"陈昌道说，对马连道的"黎明"，陈昌道有一些期望：一是定位要清晰——未来马连道要做什么？商业模式是什么？过去做批发现在是不是还适合？陈昌道希望马连道的变革是符合市场规律的。二是从政府角度，马连道要服务北京的茶文化升级，要将体验、文化、感受、品牌展示放在重要的位置，要促进茶文化的国际交流。"这件事做好了，马连道将以全新的面貌示人。过去马连道给人感觉更像一个'批发市场'。未来，马连道品牌升级，品牌塑造工作要提上日程，"陈昌道说："我认为，到时要让大家对马连道的印象彻底扭转，就要把有身份、有文化、有品位的人吸引到马连道，让马连道成为首都、全国乃至世界的一个有内涵、有高度、有代表性的茶文化符号。"

陈昌道认为，要实现这个目标，硬件很重要。首先，马连道街区的管理、商户结构都要跟上，要让这里成为茶行业各大品牌的聚集地，全国最高端茶叶品牌的聚集地。就比如世界上的顶尖品牌必须在纽约的第十五大道设个店以显示企业的品牌实力一样。其次，在此基础上发展茶业的电子商务交易平台、金融交易平台、拍卖交易平台，这些都发展起来之后，相信马连道未来可期。

中国茶的市场巨大，品类繁多。"我们以前在北京卖茶，卖的大多是茉莉花茶，经过短短十几年的发展，北京市场茶叶品类齐全，大家的口味也从单一的茉莉花茶发展为几大茶类并行，这个变化过程都是顺其自然的。"陈昌道用人生的几个阶段比喻，即生存需求、文化需求、信仰需求，他说茶很符合文化需求和信仰需求。而且随着中国国力的增强，陈昌道认为中国茶在世界上将更被认可，中国茶的文化和艺术属性将在全球大放异彩。

谈起御茶园，陈昌道自豪地说："不管是哪里的职能部门对御茶园进行抽检，御茶园的产品 20 年来没有一次被检验出农残超标。因为御茶园的茶叶基本挑选自海拔 800 米以上的春茶，这些高山茶在过冬时期基本没有病虫害，不用农药，所以春茶农药基本不超标。我认为，御茶园最宝贵最具有核心竞争力的是我们对茶全产业的丰富经验，我们有一支充满朝气和创造力的团队。不仅领导层具有精湛的茶专业技能和管理能力，多数员工都要经过各项专业技能中、高级以上培训方可上岗。"陈昌道对御茶园的技术员工要求很高，喝到茶要能尝出茶的植物学茶树、产地和山头，茶园海拔高度和朝向，采摘当天的天气，做茶中哪个工序做得不好，茶存放的环境……试想，如果每一位员工都能如此专业，御茶园又怎么会做不好呢？

陈昌道对企业家精神的诠释很简单，他认为企业家精神的最好体现，就是如何带领团队：第一做好极致的产品；第二极力去服务好客户消费者，让消费者客户觉得他买的产品物有所值，能保值增值，在使用过程中带来喜悦感、获得感，引领行业的创新发展。

经过 20 余年的发展，"御茶园"已成为集茶叶种植、生产、电子商务、品牌连锁经营、八大官窑研发生产、茶叶深加工为一体的茶业综合性集团化企业，旗下拥有一支由优秀管理和茶业专业人才组建而成的共 600 余人的团队，整合了全国历史上贡茶各大名茶产区全产业链最优秀的资源。在福建的宁德、安溪、武夷山，浙江的杭州，云南的勐海等地建立了多处高规格的茶园供应基地；建设 80 余亩现代化茶叶加工工厂；在江西景德镇建立柏采窑瓷器厂和多个官窑瓷器作坊；整合全国包括境外近 200 多个产品 OEM 供应商，生产经营"御茶园"牌茶叶、茶器、茶艺用品及其他衍生品 30 余类 7 000 多种；在全国 20 多个省区市，建立了 400 多家品牌连锁店、大型茶叶卖场和多家高端茶会所；营销网络分布全国，同时产品远销国外 10 多个国家。2008 年成为北京奥运会的赞助商和服务商，2010 年成为上海世界博览会唯一茶和瓷器全产业链的生产商和销售商。

人生是一段旅程，走过的路，就是你编织的生活，我们无法预知以后的路途。但是，我们能把握现在的自己，珍惜身边的一切，脚踏实地地走，走好自己的路，不要在生命里给自己留下遗憾的风景，生活一直都很简单。

何志荣　禀小莉

无志无荣光
有梦有福缘

记马连道天福缘创办人何志荣、虞小莉

◆ 赵光辉

在马连道有这样一对夫妻，他们怀揣着梦想从家乡来到北京，从最初的负债累累，一步一个脚印地发展到今天已经在马连道拥有了自己的企业。

马连道用茶叶成就了他们的世界，他们也用自己的努力奋斗，为弘扬茶文化，给马连道茶叶特色一条街增添了色彩。

他们就是天福缘创办人何志荣、虞小莉夫妇。

背负着百万债务来到北京

何志荣 1963 年生于福建建阳，虞小莉 1972 年生于浙江温州。20 世纪 90 年代初他们相识之前，何志荣曾经是当地小有名气的生意人。

何志荣属于穷人的孩子早当家。兄弟四个，他排行老大。十多岁的时候父亲去世了。"当时，最小的弟弟还在我妈妈肚子里。"何志荣说，"我必须把家担起来。"为养家他什么活儿都干过。

1986 年何志荣开始做生意。他说："当时相邻的浙江温州开关电器产业发展得比较早、做得也比较大。我就给他们搞电缆电线这些工业电器配件，挣钱很快。"到 20 世纪 80 年代末，何志荣已经拥有上百万资产。

虞小莉回忆起他们最初相识的情景时说："我相中了何志荣的踏实可靠，但是确定恋爱关系后，我才知道他已经陷入财务危机。"

原来何志荣那时年轻，被钱好挣冲昏了头脑，做事无所顾忌，很快，辛辛苦苦赚的 100 多万元全赔了进去，还负债 100 多万元。20 岁出头就成为建阳市人大代表的何志荣，不仅失去了那些荣耀，还一夜之间成了"负翁"。

没办法，家乡待不下去了。1991 年夫妻两个人带着仅有的 5 000 元来到北京。心想北京是首都，肯定有许多商机，不服输的何志荣想在北京从头拼搏，因为他坚信，爱拼才会赢。

翻身的机会——家乡的茶叶

"患难夫妻"这个词用在何志荣和虞小莉身上再恰当不过了。虞小莉说："既然命运把我们连在一起，那我们就荣辱与共吧。"

夫妻两个最先接受的是生活艰难的考验。1991年，那时候的北京天气特别的冷，仅有的5000元要计划着用，厚衣服都不敢买。刚到北京时遇到了一位善良的房东大妈，看他们两个实在是没钱，就把自家一间破屋子腾出来给他们住。小房间四处漏风，又没有暖气，他们用报纸糊一下挡挡风，但他们心中却暖暖的，总算有了个落脚的地方。

接下来是生意上的考验。过去的生意全部丢掉了，一切要从头再来。做什么好呢？他们两个不约而同想到了自己家乡的土特产——茶叶。茶叶本钱小，好起步。何志荣和虞小莉开始从福建和浙江进了一些茶，然后拉回北京推销。

带来的5000块钱所剩无几，没办法，只好拿唯一有信用价值的身份证去做抵押，借来钱进货，开始了茶叶生意。许多年后回忆起当时的情景，何志荣还记得，当时在家乡还欠着很多钱。而在北京要借贷做茶叶生意，借款10000元，一个月要付3000元的利息，压力太大了！何志荣说，那时候经常晚上一抽烟就抽到天亮，一门心思想着怎么赚钱。天一亮就爬起来出门了。

福建老家的花茶很受北方欢迎，于是何志荣开始帮福州的茶企搞推销。"半年后，我就自己当老板了。"何志荣说，"我们用三年的时间，不但把老家所有的债还了，还开上了自己的车。"虞小莉说："那时候刚到北京，为了生活，我当过售货员，进货员，甚至给我们这个小集体当炊事员，负责大家的吃、喝等生活安排。"

靠商场茶叶专柜致富

何志荣夫妻是如何在 3 年时间里实现翻身的呢？何志荣说："我们两三年就能发展起来，实现翻身，主要是在北京找对了市场——做商场。"

当时遍布北京的大百货商店也有卖茶叶，但是没有专柜。何志荣看到虞小莉有很多温州老乡在北京的商场里包服装专柜，就想，茶叶为什么不能搞专柜呢？于是他与商场洽谈经营权，做起了茶叶专柜。那时候没有多少人这么做，他们是比较早用承包经营这种形式做茶叶的。

3 年中，何志荣在北京发展了 30 多家专柜，西单商场、昌平的新世纪、大兴的新城、顺义的国泰等都有他们的专柜。何志荣说，每逢过年，茶叶专柜卖得特别火，当时一个专柜一天就能有十多万元的流水。

进军马连道，事业再升级

依靠茶叶在经济上实现了翻身，何志荣和虞小莉也彻底与茶叶结下了不解之缘。

如何将茶叶从生意做成事业？何志荣和虞小莉首先想到了要改变角色——从单纯的茶叶经销商，转变为茶叶质量和品牌的掌控者、拥有者。

2000 年，何志荣夫妇回到家乡，在福建省寿宁县的茶山租赁下 1 000 亩茶园，建起天福缘茶厂。那时候还是以制作花茶为主，为了能掌控茶的品质和口感，提高产量，每年春季他们俩到寿宁做茶，每天劳作下来都是灰头灰脸，疲惫不堪，但辛苦也快乐着。经过他们的努力，30 多个专柜的销售量不断增加，收入稳定。这时候，何志荣夫妇就把目光投向了马连道。

"我们最早来马连道的时候，是在京闽茶城租的店面。"何志荣告诉记者，"那是原来老的京闽茶城，就是在大棚子里。这标志着我们从做茶叶专卖零售进入到做批发。进入批发领域后，随着经营规模的扩大，企业的利润也不断增加。"2000～2004年这5年，何志荣夫妇的茶叶生意在马连道拥有了一个更高的平台，不断稳步发展。

从做茶叶批发到经营茶叶市场

何志荣夫妇不算是最早进入马连道的茶叶经营者，但他们的发展历程是马连道不断发展、升级的最典型的代表。从他们身上，人们可以清晰地看到马连道的茶叶经营是如何从零售发展到批发、从批发进步到大卖场、再从茶市资产经营升级到茶文化体验的完整过程。

2005年，属于北京茶叶总公司的一个库房租赁合同到期了，商机瞬间展现出来。早就在寻找下一步发展机遇的何志荣果断出手，把整个库房租了下来，一下签了12年的租赁合同。何志荣说："我很看好这里，现在又续租了。

何志荣开始大展拳脚。他把这块地上原有的旧仓库全部改造，投资了3000多万元。

但这次投资并非胜券在握。

首先是在2005年时，这个地方很偏僻；其次，何志荣的资金实力还不够强大。为建设这个茶叶批发市场，何志荣除了把自己多年挣的钱全部投进去之外，还将当时在上海花500万元买的一个商铺卖了，把钱投到茶城，又借了上千万，加上工程尾款，一下又欠了两千多万。干了十几年茶叶生意之后，何志荣又一次变成了"负翁"。

但何志荣说："那时候我非常坚定，就是砸锅卖铁也要搞起来！当初来北京干吗？不就是心中有梦想吗？"何志荣不服输的劲儿又来啦！

有梦就不怕路远

何志荣在马连道酝酿出了一个人生梦想——实现从茶商到茶叶市场运营者的大转变，在马连道这块土地上留下自己的印迹。

支撑这个梦想的，首先是何志荣对马连道多年的观察和认识，是何志荣对中国茶叶第一街背后市场的认识和信心。他说："中国茶还有很多领域可以挖掘、发展，北京作为首都，马连道这一条茶叶街，可谓寸土寸金。

不管是马连道的什么地方，只要你能占住，应该就是赢家！"

当然，何志荣的梦想不是建立在幻想和蛮干基础上的。他说："出租管理商铺这一套我还是蛮擅长的。"当时他们做茶城的时候，有人直接说你们疯了吗？开始招商时，他们的项目也并不被看好。很多老乡都说："位置这么偏，一天都见不到一只鸟，哪能有生意做？"

然而事实证明，十几年下来，这个市场的生意已经很好了！何志荣说："梦想很重要，认定的事情就去做，总是害怕失败你就什么也干不下去。"

养人气，做商圈

何志荣夫妇是怎样将马连道的一处偏僻之地做成商业熟地的呢？

"做市场，先要养人气。这就是我的经营诀窍。"何志荣说，"这么大面积的市场我们过去也没做过，但我一直在琢磨，我投了几千万，必须先把人引进来，稳定住。有了人就有人气，有了人气就会有财气。所以开始招商时，租金很便宜，每平方米才两块钱，我几乎不挣钱，就是为了养人气。用了3年租金提高到了4块钱。现在这里的租金最好的位置每平方米都到10块钱了。"

第二招就是品牌效益，用有产品、有影响力的知名大户带动招商。很多商户就是这样被招过来的。何志荣对大户给予各方面的优惠，除此之外，还做了很多服务工作。这些优质大商户进驻以后，后面又跟来了20户。因为他们发现，同行扎堆以后，他们就有了自己的商圈；有了自己的商圈，很多事都方便做了，这就是养人气才能聚财气。

茶业大世界，梦想大舞台

有了茶叶批发市场的成功经验，何志荣的事业进入了快车道。他不甘心只做个体户。他想，马连道的茶商都是民营个体，而马连道的业主都是国有企业，能不能走出一个新的模式？经过考察论证，何志荣要在马连道一条街上创建一个民营与国营结合的股份制企业。

2008年，何志荣跟北京茶叶总公司合作的项目——茶业大世界正式开建。与以往批发市场不同的是，茶业大世界新增加了一个茶叶博物馆，这是全新的领域和设计。为了响应国家经济搭台、文化唱戏的号召，何志荣到处去考察学习，先与北京茶叶总公司投入了7 000多万元。终于，在马连道这条商业街上，率先在茶文化领域有了自己独立的舞台和空间。茶业大世界有精品茶叶售卖区、茶文化多功能厅、茶叶博物馆……

回顾这个决策的过程，何志荣说："在策划的时候，我们就在考虑马连道下一步要往什么方向发展。我感到马连道这条街商业氛围比较重，就像一个大卖场一样。而文化不仅能丰富马连道的内涵，也能给马连道的发展提供后劲。我们的想法和北京茶叶总公司领导的想法不谋而合，在二商集团、西城区领导及各级部门的支持下做文化产业，我们联合起来，建设一个茶叶博物馆。"

紧跟马连道的发展步伐

何志荣说："现在，茶叶博物馆的作用在慢慢显现。北京教育发达，学生很多，不断有各类学生来博物馆参观，我感觉它真正发挥了社会价值。作为一家民营企业与国有企业联手做这样的公益，我觉得值。"

"作为马连道的一家企业，我们得益于马连道，也需要服务于马连道。"何志荣说，"马连道未来的发展肯定要符合北京的四个新定位：文化定位、政治定位、科技定位、国际交往定位。马连道以后将会更加注重文化的发展。过去老百姓来马连道买个茶就走了，现在不同了，你还可以到处看看，到茶叶博物馆免费参观学习。同时，国际交往越来越频繁，马连道将承担起对外展示中国茶文化的重要功能。这样，商业有了，文化也有了，休闲娱乐和体验都可以实现了。马连道是不是变得更丰富、更耐看、更诱人了？"

"随着首都新功能的明确和实施，马连道进入了转型升级时期。马连道指挥部在西城区政府的指导下，参与了对这条街的新规划、新改造、新升级。配合这个转变，在马连道指挥部的引导下，茶企业今后都需要将文化产业的理念和内容增加进来，我们将携手茶城的老板、茶商，把文化做成产业、做出效果、做出价值。除此之外，马连道今后肯定还要做一些旅游产业项目，实现马连道茶文化的增值。为此我们需要引导商铺，把店铺做得更漂亮、更有文化韵味。当然，这些方面的转变需要一个过程，不可能一蹴而就。但马连道的变化和未来已经逐步展现出了令人振奋的新气象。"

现在，何志荣对马连道的文化产业兴趣越来越浓、信心越来越足。茶叶博物馆自 2016 年 8 月 18 号正式对外开放以来，已经发展了两年多。他说："博物馆的影响力大了，自然会带动马连道的发展。最理想的产业格局是茶的产出占 1/3，茶旅游产出占 1/3，另外 1/3 在文化和互联网资源上。"

心里有梦，眼前有路。最近何志荣学习了习近平总书记在纪念改革开放 40 周年大会上的讲话，非常感慨地说："我喜欢习总书记的讲话，总是那么令人振奋。我也喜欢习总书记引用鲁迅的那段话：'什么是路？就是从没路的地方践踏出来的，从只有荆棘的地方开辟出来的。'我们赶上了改革开放的好政策，是改革开放的受益者，没有改革开放就没有我们的今天！"

说起改革开放，何志荣就精神十足，话语也滔滔不绝，他说在北京拼搏这些年真是体验到习近平总书记说的，中华民族迎来了从站起来、富起来到强起来的伟大飞跃！中国特色社会主义迎来了从创立发展到完善的伟大飞跃！中国人民迎来了从温饱不足到小康富裕的伟大飞跃！何志荣夫妇表示一定牢记"只要有信仰、信念、信心，就会愈挫愈奋、愈战愈勇"，不忘初心实现梦想，何志荣说："为了配合马连道首都新功能定位的落实，今年天福缘市场要对接新功能，以满足提升市场形象的需要，为茶文化、茶旅游发展提前做好准备，目前我们的方案已经出来了！"

祝何志荣夫妇在筑梦、追梦的路上，携手写下更灿烂的篇章。

一生只做茶行业，用生命热爱白茶，以
茶为生、以茶为业、以茶为乐，做好中国茶，
兴茶惠民。

向上步步高
向善"品品香"
记福建品品香茶业有限公司董事长林振传

◆ 陈 浩

　　林振传，福建品品香茶业有限公司董事长，非物质文化遗产项目福鼎白茶制作技艺传承人，国家茶叶标准技术委员会委员。1968年出生于福建白琳镇茶洋里自然村，数辈执着于制茶技艺，让茶香飘逸。林振传从事茶业20余年，不仅在茶叶种植、生产、加工等领域有所建树，更对茶文化推广有着独到的见解。

　　林振传说自己只是一个爱茶人。"以茶为生、以茶为业、以茶为乐"是他的人生信条，在众多耀眼的称号和荣誉中，唯有福鼎白茶制作技艺非物质文化遗产传承人是属于一个白茶大师的荣耀。1997年林振传进入马连道，他对这里有着深厚的感情，"马连道30年的发展，成就了中国白茶领导品牌——品品香。"

登陆北京，抢滩马连道

说起林振传与茶的渊源，要追溯到他的祖上。

明末清初，林振传的祖辈从安溪搬到福鼎，为当时的大茶商吴家种茶。林家种茶、制茶薪火相传，品质备受吴家认可和赞赏，于是林、吴两家共同缔造了福鼎白茶的一段佳话。到了林振传这一辈是第十二代，祖父希望他振兴家业，传承白茶技艺，因而给他取名振传。

20 世纪 80 年代，林振传接受过良好教育，父母希望他可以通过知识改变命运，成为一名教师，有稳定的工作与收入，摆脱在大山种茶卖茶的生活。1987 年毕业后，林振传如父母所愿，成为一名中学数学教师，一有时间他就去茶园，向老师傅学习制茶，研究茶树的生长，品尝不同的茶。两点一线、备课上课的生活持续了一年多，但是让林振传更感兴趣、更快乐的还是茶，茶的口感、香气、韵味令他着迷，充满挑战与惊喜。他不甘于这样两点一线的"平凡"，于是决定放弃众人羡慕的铁饭碗，从事自己喜欢的茶行业。

1992 年,林振传在家乡建立了自己的"一品香"茶厂,主要生产、加工茉莉花茶。

1993 年 7 月，林振传来到北京，在永定门销售茉莉花茶。林振传回忆，为了直接与销区企业对接，他几乎常年奔走于东北三省及北京周边城市。通过不断努力，靠着过硬的产品质量和认真做事的态度，赢得了信任，收获了果实。

1997 年 12 月，林振传正式进入马连道京马茶城。林振传说，马连道给我们大山深处的茶农提供了一个机会与平台，让我们在首都真正面向客户，面向市场，成为茶行业的一个据点。

品品香，与马连道同呼吸

经过几年的打拼，林振传获得了好口碑的同时，也算一只脚踏入了北京。几年前销售的茉莉花茶属再加工茶，是北方地区独爱的茶类之一。但是身为福鼎人，林振传更希望通过自己的努力，推广白茶，让家乡的好茶走进北方市场。白茶有清热、排毒、下火的保健功效，非常适合北方地区春、夏、秋三季品饮。于是林振传做出一个重要决定，举全力做好白茶市场。

在马连道，成就品牌的企业并不多，很多都是以夫妻店的形式存在，他们生活安逸，与世无争。那时来的单身青年如今都组成了小家庭，有的甚至连孩子也开始接管生意。但是在林振传心里有一个意念："要做企业，做品牌，要一直向前冲。"20多年来，他比别人付出更多，一路更辛苦，他伴随着汗水与艰辛成长，收获着成功的喜悦与甘甜。

2000年，林振传注册了"品品香"商标，为了白茶工艺得到更好的发展，林振传断然摒弃门户观念，先后拜新工艺白茶创始人、中国白茶特殊贡献者王亦森和国家级福鼎白茶制作技艺非物质文化遗产传承人梅相靖为师，并进入相关大学茶学专业进修。这让他不再只是林氏百年技艺的传承人，更是白茶技艺的传承人和开拓制茶技艺新未来的当代白茶大师。

企业要利员工、利社会、利国家；做产品，要利客户。如果员工的生活有了基本保障，精神富足，心里认同，与企业共同成长与进步，产品怎么会做不好？企业怎么会做不大？这是林振传对品牌发展的心得与体会。

十年磨一剑，成就白茶领导品牌

近年来，"白茶热"持续升温，其独特的口感和健康属性得到业界及消费者的广泛认同。但是中国茶产业小、散、乱，企业多、规模小、产品杂的市场现状，很大程度上限制了行业的发展。林振传认为，做品牌，首先要解决标准化问题，标准化是实现品牌化的前提，所以"品品香"始终聚焦产品，产品是营销最本质的东西。

好的产品要解决消费者的需求，如何改变传统茶饼体积大、老茶无标准，年份无标志，喝茶烦琐的状况？如何让喝茶成为一种简单的生活方式？林振传给出的答案是：简单、便携。

历3年时间，林振传带领40多位审评经验丰富的茶师，每天120杯茶，从茶叶的外形、汤色、香气、滋味、叶底等指标，逐一打分并记录，之后制定标准，成就一杯好茶的通行证。2013年12月，"品品香·晒白金"老白茶系列终于进入市场，因其制作工艺采用天然晾晒、历练如金，并且必须陈化3年后出厂，所以取名为"晒白金"。林振传率先提出"老白茶标准身份证"概念，让老白茶年份、等级、产地一览无余，并将茶制成5克一粒的小茶饼，泡饮方便，让消费者真正放心消费。此外，林振传还提出了"老白茶·煮着喝"的老白茶饮用方式。

研究证明，老白茶煮着喝拥有更好的口感和香气，能够更充分地释放白茶的营养物质；晒白金从饼形到砖形的重新定义，结合煮法，充分体现了老白茶的特性。林振传说，老白茶煮饮，不仅茶汤汤色更深，香气中陈醇香、枣香的浓度明显更高，茶汤的厚实感、绵柔感、甜感的强度明显更佳，其中茶多酚、黄酮类化合物、氨基酸等浸出物浓度明显增加，比例更加协调。

历经多年市场磨砺，"晒白金"成为老白茶的标杆产品。2015年8月，"晒白金"登上意大利米兰世界博览会舞台，代表"福鼎白茶"和"品品香"领取"百年世博中国名茶金奖"和"百年世博中国名茶金骆驼奖"，为行业树立了标杆，为企业铸就了经典。

智能、集约、标准，成就一杯中国好茶

用"集约"组织源头；用"智能"提升效益；用"标准"成就品牌。这是林振传总结出让中国茶标准化、品牌化的三个重要方面。

好茶需要好原料，放之四海而皆准。茶行业茶园分散、低集中度、小规模，造成的质量问题、安全问题，导致产业形成哑铃形态势，一头是普通农产品，另一头是小众奢侈品，都缺乏标准化、品牌化的产品。

如何把看似简单的白茶在标准化的前提下做到极致？在农业产业化快速发展过程中，从发展订单农业、指导农户种养，到自己建设基地、保障原料供应，林振传在以高品质产品打开市场的同时，也清楚地知道面临市场需求走高与生产规模偏小的困境，品牌一定要保证产品的质量。为了保证原料供应安全稳定，林振传始终秉承"兴茶惠民"的企业使命，如今有4个有机茶园基地共5 000亩左右，5个加工厂，23家联合体，通过集中培训、实地观摩、实践指导等方式，陆续带动农户发展生态茶园3.75万亩，不仅帮助茶农增收，也成为品牌战略发展的重要支柱。

在精制加工环节，除传统目视挑拣外，还要根据白茶特点，先后创新引进第三代色选机。第三代机器一台一天可抵人工挑茶200人，节约了人力成本，大大提高了拣剔速度与精度，满足了茶叶生产规模扩大的需求。

在茶叶包装环节，林振传带领团队实现了手工包装到自动化包装的飞跃，散茶、紧压茶分别设置自动化包装流水线，根据不同特性，针对性设计茶叶包装流程及设备。未来还将以全自动化为目标，自主创新囊括生产、拣剔、包装等环节的一体化、智能化、自动化流水线。

面对激烈的市场竞争，必须对传统的加工过程进行智能化的优化改造，提高茶叶生产效率，提高品牌创新能力，促进茶业转型升级。林振传一直重视利用科技创新的力量，不断实现新的飞跃。在茶叶生产环节，为解决传统白茶生产靠天吃饭的问题，"品品香"在坚持传统工艺的同时，2011年，与福建农林大学合作，建成全国首条日光节能型白茶连续化生产线。2015年"品品香"总结原有经验，与福建农林大学再度合作建成LED光源萎凋复合式白茶自动化生产线，并先后荣获实用新型专利、科学进步奖等荣誉。

如今，林振传正在带领"品品香"沿着集约、智能、标准的道路前行，继续研发白茶防尘精制生产线、自动化紧压生产线、茶叶自动智能包装生产线，筹建可视、智能、标准的现代化加工厂，进一步提高规模化、标准化水平，实现做好中国茶、做品牌好茶的企业愿景！

打造"百亿"白茶产业

2018年，"品品香"在全国已有200多家形象店，400多个销售网点，未来计划在全国开店1000家，在聚焦白茶品类的同时，向第三代形象店转型，成为包含茶、文化、休闲为一体的品牌集合店。在品牌建设的同时，林振传也对做大做强白茶产业有一个憧憬：10年打造"百亿"白茶产业。"一个产业的发展需要每一位从业者拧成一股绳，聚成一股力，力往一处使，才能推动产业发展"，这是林振传发自内心的呼唤。

要实现"百亿"白茶产业的目标，需要至少30家优秀企业作为标杆。那时，茶园流转到企业，茶农成为产业工人，社会化分工更明确，产业集中程度更高，从而有望带动福鼎真正走向百姓富、生态美。营销模式的创新，是福鼎白茶产业在激烈市场竞争中立于不败之地的重要组成部分。当前，产品分级销售已过时，线下体验、线上宣传、实体＋互联网模式正成时尚，茶旅游、茶游学、茶体验，产品价值正在兴起，未来的白茶金融化、证券化、资本化是必然的趋势，我们要通过创新真正实现喝出健康、送出友情、留住财富。

近年来，林振传率先拥抱互联网，走"互联网＋"的模式，积极开展电子商务业务，实现线上线下"两步走"，取得明显的创新成效。此外，一些龙头企业针对下游产品进行了有益的尝试，并将新产品逐步推向市场。这些企业积极开发茶旅结合项目，推出一批集茶叶采摘、加工、茶艺表演和旅游购茶为一体的特色茶庄园旅游、生态观光旅游和休闲体验游，白茶产业在产品延伸方面做出重要尝试。2016 年，"品品香"河山白茶庄园接待游客 1 万人次，接待全国各地考察团 30 批次，品品香白茶文化体验线路被推选为"2016 年度全国茶旅游精品线路"。

"茶行业是民生产业、文化产业、朝阳产业，是 1＋2＋3＝6 产业，一是农业、二是茶工业化生产＋茶附属产品、三是旅游＋文化＋服务。"林振传说道。

"我们究竟应该如何认识一杯白茶？"这是一个长久以来被许多优秀茶人共同研究的大命题。然而，白茶的历史悠久、传承有序、文化厚重、工艺精湛、科学健康，为这个命题的研究提供了无数的大方向。当谈到未来发展，林振传用了六个"一心"总结：一心向善，做好良心产品；一心向善，做好极致服务；一心向善，承担社会责任；一心向上，创新变革发展；一心向上，创建品牌文化；一心向上，实现共同目标。本着一颗"向善向上"心，做品牌好茶，做好中国茶！

以茶为伴，矢志一生奉献给茶，正是这份大师情怀和匠心精神，引领品品香不断创造奇迹，走向国际的力量！

　　"净守方寸地，延续子孙茶"。能让人通过一杯茶，
感受到天、地、自然与人的和谐，这是我一生的梦想。
信念和生命一样重要！

因为我不会随波逐流，便成了这壶中可浓可淡的茶。任岁月冲泡，我自牧茗如莲。如此，安好！

世代茶人梦
光耀"绿雪芽"

记福建天湖茶业有限公司董事长林有希、施丽君

◆ 吴震

"因箕坐溪畔，取竹炉汲水，烹太姥茗啜之。"

好一幅古代品茶图，若仙若神！

当下，品茶图不输昨日，且气象万千——

2018年5月26日，第一届中国乡土诗人暨绿雪芽茶文化诗歌节在福建省福鼎市绿雪芽白茶庄园太姥书院开幕，并且第一个中国乡土诗歌碑林也在庄园落成。

我国著名诗人、剧作家贺敬之亲笔为碑林题名。16位将军书法艺术家为诗歌节题词祝贺。一批书法家、画家、国学家、辞赋家、诗人等以书法、绘画、诗作、题词、楹联等艺术形式表达对福建天湖茶业有限公司和太姥书院的祝福，并将作品赠送给中国乡土诗歌创作基地太姥书院，作为长期性展览展示和收藏纪念。

天湖茶业有限公司董事长林有希发表了热情洋溢的致辞。乡土诗人分会副会长、天湖茶业有限公司总经理、太姥书院院长、中国乡土诗歌创作基地主任施丽君向有关方面负责人颁发了聘书和证书。

业界同行们称：这是林有希、施丽君夫妇推出的"绿雪芽"品牌文化"大手笔"，是为振兴我国白茶产业发展加油助力的创造性举措。

与茶结缘定终生

　　林有希生于茶业世家，一生与茶结缘。1963年他出生在白茶之乡福鼎，17岁进入福鼎县茶业局从事茶叶机械技术工作，之后，在短短12年内他就成了业界精英骨干：主持了"茶园喷灌工程"总体设计，改进了茶叶初制机械设备，特别是对热风灶的改进做出了重大贡献，有力地促进了福鼎茶叶的机械化生产进程；推广"华茶一号""华茶二号"品种，调整当地茶叶种植结构，促进了当地茶产业发展；研制名优茶"银勾"，产品获福建省优质茶称号，并在北京、上海建立了销售网络……

　　当时，他只是把这些当做分内的工作，从未想到，这些用汗水和心血积累的经验会成为他日后的瑰宝。1996年，国企改革，全国上下掀起改革开放的浪潮。林有希乘时代东风，于福鼎创办惜缘茶厂，先后到广州、上海创业，最后决定在以政治、文化、经济为中心的首都北京立足。

　　那时的马连道有一个老的国有企业，也就是现在的北京茶叶总公司。很多外地来的人其实都是围绕着北京茶叶总公司做生意。林有希回忆过去时说，说是茶叶总公司，更像是茶叶市场。一个只供一人转身的大棚下面，一个商户一个格子地摆地摊，前面是茶叶的摊位，后面便是吃住的地方。林有希和许多福建的茶商一样，只卖茉莉花茶，生意还不错，生活也慢慢步入了正轨。

　　然而，林有希心中总还有些隐隐的遗憾，他对福鼎白茶的情结总是难以割舍。

林有希有对茶业的规划和抱负，他在等待时机……

转眼到了1999年。这一年，林有希创立了福建天湖茶业有限公司，并开始在老家福鼎市承包茶园。他的事业在这一年迈开了新的一步，也遇到了更大的挑战。作为第一个"吃螃蟹"的人，回家承包茶园，他们的举动成了当地茶商的笑话，说他"太傻"：那里的破山谁要啊，草比人高，他肯定要破产的！

凭借着多年评茶师的经验和对茶业发展的观察，林有希相信自己的眼光。爱护自然，改良土壤，给子孙留一片净土是可持续发展之道，真正的有机茶园是未来茶业的发展趋势。林有希说："漫山遍野的草，没关系，我们用双手来除！"不畏艰辛，林有希用人海战术来除草，一年半以后便成功地拿到了有机茶园的认证证书。然而这还只是第一步，有机茶园的关键在于土壤。十几年来，林有希找专家监理土壤的疏松程度、含铁量、微量元素、酸碱度，为一棵棵茶苗培养出最适宜的土壤床铺。为了保证出产茶叶的质量，林有希一鼓作气，完全按照国际ISO9000质量体系标准修建新的制茶厂，把茶叶加工的最高标准发挥到了极致。

就这样，良好的生态环境、精选的品种、先进的加工工艺及设备，加上经验丰富的原国营茶厂技师和具有先进技术理念的大学毕业生的努力，林有希茶园的茶叶品质远胜他人一等，"涵养大地，关爱生命"也作为天湖茶业的企业理念，践行始终。

2001年，天湖茶业在推广有机绿茶的同时，为福鼎举办的中国茶叶流通协会年会提供白茶礼品。当时林有希就预见到未来白茶的巨大市场，并做了大量的白茶储备。

两年后，天湖茶业自有茶园生产出第一批有机茶，在林有希夫妻二人眼里，这些茶就像他们自己的孩子一样。他们用了很大的精力去给这些茶做包装和宣传，也赢得了一些北京媒体的关注。在媒体的大力配合之下，他们很快就在市场上取得了一定的知名度。

但是林有希知道，从商之本，在于诚信。即使2009年福鼎茶园的虫害让他损失了三分之二的茶叶，他也坚决不用农药。他知道茶青原料对白茶成品影响非常大，土壤干净与否，生产出来的茶叶品质、口感也大不相同。"桃李不言，下自成蹊"，林有希相信口碑比任何广告都来得有意义。

现在，福鼎白茶有机茶园基地建设成绩斐然。茶园有近200名员工，4个基地，还有4个茶叶生产合作社，有效管控的有机茶园面积近2万亩，多年来始终坚持有机茶的种植理念，以种好茶、种干净茶为己任。从源头把控质量；坚持生产标准化。

"我们有自己的基地，有自己的字号，有自己的公司，可以控制生产源头，还可以向广大不懂茶的消费者宣传我们的标准。我们不怕任何人监督，我们能直起腰杆顶天立地做事！"施丽君轻声慢语，但信心坚定。

涵养大地爱众生

有了自己的有机茶园，林有希又把目光转向品牌化的道路。

"绿雪芽"三个字是当代著名书法家启功亲笔题写，而其历史渊源可以追溯到明代。相传，当年有一个名叫熊明遇的将军，与一群文人雅士品鉴福鼎白茶，看到茶叶"白中隐绿，绿中泛白"，给人以"雪的清高、绿的生机、芽的形态"，故取名"绿雪芽"。历代文人墨客对"绿雪芽"更是喜爱有加，茶与文化融为一体。而相传，尧帝的母亲太姥娘娘曾亲手栽培了一棵白茶母树，并用白茶为百姓治疗麻疹，更增添了白茶"善文化"与"仁爱文化"的内涵。林有希夫妇认为，自己有责任对"绿雪芽"的历史文化内涵进行挖掘、传承和发扬。他们赋予"绿雪芽"全新含义：绿，象征健康和生命；雪，象征天然纯净无污染；芽，象征不断进取的精神。

林有希塑造白茶品牌的行动受到当地政府的重视和肯定。2004年，当地政府隆重举行了太姥山白茶母树的公祭活动。全国茶界的专家学者、社会名流、业界产销经营者等踊跃参与，轰动一时。此外，当地政府提出了"北有大红袍，南有铁观音，东有绿雪芽"的茶品牌战略。于是，林有希就在马连道推出了"绿雪芽"品牌。当时，马连道茶叶极少有品牌经营，市场对品牌也不重视。除个别国企茶叶品牌外，"绿雪芽"是自有企业品牌较早的茶企。

2006年，林有希对公司做了一个彻底的转型：专营白茶！

在国内白茶市场并不明朗的情形下，林有希夫妇以"壮士断腕"的决心和"舍我其谁"的使命感，挑战自我，转型经营，"不成功便成仁"！

于是，2007年，诞生了"中国白茶第一饼"。之前白茶没有饼茶，都是散茶，茶叶如同农副产品一样，论斤论两称。林有希受普洱茶的启发，把白茶发到云南尝试做白茶饼，并于2007年在市场上推出。压制白茶第一饼的模具现在还保存在"绿雪芽"茶叶博物馆里，成为历史的见证。

林有希夫妇认为，塑造企业品牌文化也是企业和员工自我改造和综合素养提升的过程。起初，不少员工对企业转型专营白茶大为不解。林有希夫妇就深入细致地做白茶文化的宣传讲解。他们提出了"涵养大地，关爱生命"的经营理念，从大处着眼、小处着手，从生活细节开始，培养员工的绿色环保意识，使绿色、有机成为生活习惯。

内化于心，外化于行。施丽君亲自为企业员工设计了工作服，教育员工"每个员工都是企业形象的代表"，要求他们言谈举止要讲究文明礼仪，要符合文化规范。当时，"绿雪芽"统一着装、举止文明的员工，成为北京马连道地区"一道最美的风景线"。经营上，他们突出质量标准，统一服务规范，努力"把消费者培养成消费专家"。有同行不理解地说："消费者都成专家，这生意还怎么做？"施丽君答道："把消费者培养成专家，以他们的口碑为'绿雪芽'做宣传，不是比做广告更可信吗？"她认为，二十多年来，正是通过这样一批老茶友口口相传的口碑，"绿雪芽"的消费者队伍才能不断壮大。

经过多年的培育，"绿雪芽"已经成为中国茶行业"十大品牌"。

品牌文化新动力

林有希夫妇致力于打造品牌文化，为品牌发展注入新动力。

他们首先挖掘福鼎白茶的文化渊源。白茶有二三百年远销海外的历史，新中国成立以来也一直是出口的特种茶。广州等地的外贸出口企业老板很了解福鼎的"寿眉"茶，但他们却不知道"寿眉"仅是白茶的一种。在欧洲，白茶一直是茶中"贵族"，招待绅士贵妇，茶杯中放几枚"白毫银针"，主客都感到荣耀。与此形成鲜明对照的是，即使是在国内较高档的餐饮场所，推荐白茶也要花费不少口舌和时间。改变现状已是当务之急。

林有希夫妇认为，中华传统文化可以为茶产业提供丰富的滋养，为产业发展提供不竭动力。施丽君说："抓品牌文化，要汲取儒释道文化精华，从而赋予'绿雪芽'品牌更多的文化内涵和人文魅力。"她称，"5月在福鼎白茶庄园举办的诗歌节，旨在挖掘"绿雪芽"的丰富内涵和广泛外延，弘扬其美学价值，给人以文化滋养和美的享受。"

他们还十分重视挖掘"绿雪芽"的保健功效。施丽君认为，虽然白茶的外观不算多漂亮，但其口感和功效却引人关注。她用白茶招待宾客，有些患有感冒、嗓子痛的客人，饮茶后竟发现有治愈效果。经过口口相传，消费者对白茶开始有了更多的认知。

目前，他们正与复旦大学有关专家合作开展"茶与经络气脉研究"，这是茶文化与中医科学结合的新尝试。这项研究对于茶叶的要求有两点：一是茶的种植土壤要干净，二是茶的加工工艺要完整。研究发现，不同种类的茶对于人的经络气脉的作用是不同的，由此对人体产生了不同的保健功效，这为"绿雪芽"从保健功效方面打造品牌提供了科学依据。施丽君笑称："医院治病讲究'对症下药'，以后我们茶馆可以'对症泡茶'了！"

林有希认为，一个好的品牌，需要优异的产品质量和一整套质量保障体系，需要对多种规范持之以恒地坚守，需要企业文化的滋养，需要几代人的努力。他们一直认为："绿雪芽"的品牌打造"仍然在路上"。

施丽君认为，对于茶的品牌打造，既要能在当下站得住脚，又要能够世代传承；不仅能提升品牌的文化价值，还使茶文化转化为茶产业生产力，推动产业的振兴和发展。这是要用一辈子时光去做的事业！

世界倾心"绿雪芽"

从2010年开始，北京市西城区政府整顿马连道茶叶一条街，倡导品牌化经营。"绿雪芽"等优质茶品牌得到消费者普遍认可，而没有品牌的经营者纷纷改行或"转场"。作为马连道"元老"级的经营者，过去，施丽君走过一排摊位时，迎来一片"施姐好"的热情招呼声；经过整顿后的马连道市场，她看到太多的新面孔，并不时被"问候"到："大姐，买茶叶吗？"她感到了整个市场的"天翻地覆"！

当下，西城区明确了把马连道打造成"文化客厅"的定位和发展方向。施丽君认为，特色商业街要有自己的个性，既要有特定的产业基础和定位，也要有独特的精神属性，给人以独特的身心感受，以此吸引国内外宾客，而这独特的精神属性就需要文化的滋养。

她认为，"绿雪芽"在全国茶类市场上占有一席之地，逐步为全国消费者认可和接受，这是时代的馈赠，因此"绿雪芽"理所当然应回馈社会和时代。

天湖公司扶植茶叶种植区的一个小村庄，仅用几年时间就兴办了30多个茶厂，因此，原来外出打工的年轻人纷纷回乡创业。现在，该村产业兴旺，农民增收，村貌大变。因此，天湖公司被授予"国家级扶贫企业"称号，受到茶农和当地政府的一致推崇。

还有一件事令他们自豪：2017年在厦门举办的"金砖五国"峰会上，"绿雪芽"白茶作为峰会选用产品，受到国际友人的肯定，为大会增添了一缕中国白茶的清香。

林有希说："我有两个愿景：一个是为子孙后代留下一片净土，让茶园周边的老百姓过上好日子；另一个是传承中国白茶文化，让"绿雪芽"品牌名扬四海！"

施丽君说："秉持'真、善、美'的人文理念，弘扬'简、朴、亲、真'的家风，'绿雪芽'要为国内消费者提供的是高贵原料+平民化的生活方式；对于国际友人和海外宾朋，'绿雪芽'送上的是一杯带有中华文化芬芳的茶，让世界为之倾心！"

以 器 引 茶 、 一 生 一 事

张兴萝

弘建情怀铸品牌

记弘建茶器品牌创始人张兴荣

◆ 赵光辉　梁 妍

  1997 年冬天，21 岁的张兴荣从福建老家来到北京闯天下。他先在劲松长城旅社住下，半年后进入马连道。21 年后，"弘建茶器"从马连道走向全国，成为当今中国茶器行业响当当的品牌。

  2018 年初夏，留着小平头、操着福建普通话的张兴荣，在马连道"百茶研究院"向记者讲述了自己的故事。

幼年生活不知不觉中导航着未来

1976年，张兴荣出生在福建省南平地区最北边的小县城浦城。那一年，母亲40岁，他前面有两个姐姐、三个哥哥。别看浦城小，却与中国陶瓷史有着深厚的渊源。这里距宋元时期中国最大的瓷业中心龙泉不过几十里路，而供奉闻名于世的哥窑和弟窑创始人章生一和章生二的章氏祠堂就在浦城。据说章氏兄弟最初就是从浦城慢慢发展起来的。

张兴荣从小的生活就与陶瓷密不可分。他家对门20米就是一个陶瓷厂，主产大众用的碗盘，他有个哥哥就在厂里上班。陶瓷生产的流程和产品张兴荣再熟悉不过了。

张兴荣说："浦城是闽越王城的发源地，又是旧时的交通要路，往西通往武夷山，往东南可达沿海。我家靠着全村唯一的一座茶山，可算是从小就和茶、瓷结缘了。"

福建的山海便利推动着他的脚步

1995年，张兴荣来到厦门，在厦门的一家茶叶企业工作。张兴荣回忆说，那时候跑业务，几乎是全国各地到处奔波，平均一周跑一个城市。当时，中国广泛使用的茶器都很低端，除了有点特色的潮州茶器和宜兴茶杯外，大部分茶器都很普通，很多人都是用玻璃罐头瓶来喝茶。全国也没有几家销售茶器的企业。在厦门这座开放比较早的城市，张兴荣开始接触到台湾的器具，还有香港来的艺术陶瓷。这些时尚的茶器拓宽了张兴荣的视野，也让他看到了一个巨大的商机：为什么我们不能生产这些漂亮的茶器呢？我们是有这个能力的。当时，他所在的企业已经通过景德镇为中国台湾地区和韩国的公司生产茶器。张兴荣领悟到：我们的差距在设计和理念上！

浦城的瓷器熏陶、厦门的理念打造、两年的业务历练，促使张兴荣做出了一个大胆的决定：到北京去！到北京开拓自己的茶器市场！到北京开启自己的茶器时代！

奋斗，就是指北针

"我是1997年底来到北京。"多年之后，张兴荣对初到北京的那些事情依然记忆犹新。

1997年12月，独闯北京的张兴荣来到北京，最初住在劲松的长城旅社，附近十字路口有一家肯德基。但是那时他没有钱去吃肯德基。更重要的是12月的北京非常冷，在福建过冬时没有穿过羽绒服的他发现，北京的寒风很快就会把人吹个透心凉。然而就在这样的冬季，张兴荣开始了他的创业之旅。

张兴荣从过去两年做业务员的经历中琢磨出一套跑市场的办法：来到一个城市，首先买一张地图，把火车站、机场、政府所在地标出后，基本上就知道自己的位置了；然后再找出这个城市最好的街道、最好的商场。到北京后张兴荣如法炮制。他说："五福茶艺馆算是北京最早的现代型茶馆之一，我刚到北京的时候，五福才开了没几家，独立的茶器门店几乎没有。"他到邮政大厅通过黄页查茶叶公司，然后打电话联系，或者到商场找茶叶专柜，倒推过来找到公司。当时的主要交通工具一是公交，二是自行车。张兴荣办了一张月票卡，按地图上标出的主干道乘车，从早上一直坐到晚上十点半，十天半月下来他已经对整个城市有了基本了解。白天乘公交，到商场就下车谈业务，晚上坐着公交车到处转。他说，一般通公交车的路都比较好，能带你找到繁华地段。

再就是依靠自行车。张兴荣用笔把北京地图一块一块划分好，然后骑着车一块一块跑，这块跑完了，就把它划掉。要知道，偌大的北京在地图上的一小块就是一个小城市，张兴荣像蚂蚁啃骨头一样一块一块去开发。通过这种方式，他把酒店的、商场的、会所的、公司的市场都找了出来。

创业是艰难的。有一次张兴荣到北京郊区联系业务，结果被黑车司机劫道。还有一次，为交货不得不赶夜路，在漳州盘陀岭的山路上，张兴荣差一点连人带货摔下山崖……

有耕耘就有收获。很多年以后，张兴荣还清楚地记得第一次去五福收货款的情景：听到消息，他骑着自行车就去了，拿到的还是支票！记得当时下着雪，他把支票揣在胸口，回到家里支票都热乎乎的。

进入马连道 耕耘大市场

张兴荣的第一家店选在马连道，严格意义上说那不叫店面。当时有个卖黄山皇菊的客户，觉得他为人不错，就将一半柜台让给了他。他给自己的第一家"店面"起了一个名字叫"静心茶庄"，做成牌子挂在柜台后面的货架上。静心茶庄卖茶叶，也卖茶器。但张兴荣对茶器的兴趣和关注一直没有改变。

那时候，北京的茶器市场基本是空白。大家最常用的是茶缸子，其次就是玻璃杯。后来多样化一些，用好看的罐头瓶子装茶喝。张兴荣开始把茶杯做得更讲究一点，比如在陶瓷杯上面雕花、印上有意思的文字。几乎所有的茶器类型张兴荣都经营过。早期玻璃茶器非常热卖，比如飘逸杯，有时一个月能卖好几千只；红茶销售好的时候，红茶的配套茶器也卖得很好。这一阶段的经营，不仅积累了财富，也积累了张兴荣对茶器市场独到的研判眼光。

当时张兴荣给茶叶企业供应茶器，比如吴裕泰、张一元、五福茶艺馆、满堂香等；另外，还包括华联、燕莎等高端一些的商场专柜。进货渠道有两条，一条是进出口公司，另一条是台湾。这些设计新颖、漂亮洋气的茶器让张兴荣获得了高起点的审美眼光和评价标准。

另外，北京爱茶的高端人士数量多，他们喝茶的用具都比较讲究，同时，他们消费力强，而且敢于选择。从他们身上，张兴荣最先感受到消费者对小众尖端产品的需求。张兴荣说，研发改革开放之后中国时尚样式的新茶器，最早就是从为他们服务开始的。

推出"弘建茶器"自主品牌创立

香港、台湾茶器的研发、设计、生产触动了张兴荣创立自有茶器品牌的念头。

1998年，张兴荣开始根据北京市场开发自己的茶器产品。他说："我是第一批到景德镇开发生产茶器的人。这个时候自然就需要一个属于茶器的名字。"琢磨了几天，他选定了"弘建"这两个字。第一，鸿渐是陆羽的字，古人多以字行世，所选"弘建"二字取"鸿渐"的谐音，希望能借上"茶圣"的福气；第二，张兴荣的家乡是福建，"弘建"隐含着弘扬福建茶文化的志气。至此，"弘建茶器"这个名字正式诞生了。

"弘建"不仅仅是一个茶器商品的名字，还代表着经过改革开放的洗礼，中国茶与茶器消费市场日渐成熟。正是在消费充分发展的推动下，茶器自主品牌的意识才开始觉醒，并结出了第一批果实，而弘建就是其中的翘楚。从1998年张兴荣有了"店面"之后，就开始探索茶器产品的自主品牌。而与之相伴的茶叶消费的繁荣发展，也为茶器的开发提供了源源不断的创意来源和消化空间。

这些年跟随着茶叶市场发展的脚步，张兴荣陆续开发了很多产品。比如近20年普洱茶持续热销，张兴荣就精心研发了普洱茶刀、不伤壶的养壶笔。这种普洱茶刀用牛骨制成，可以带上飞机，为那些普洱茶爱好者带来了意想不到的方便。几十年下来，张兴荣从普洱茶刀的创新开始，已经开发了上百项专利，和天福、八马、华祥苑等直营连锁店都展开合作，促进了茶品茶器产业链条的整体互动提升。

有了自主茶器品牌意识的觉醒，接下来20年，张兴荣根据市场需求，不断地重复着设计生产、反馈修改、完善提升的过程。

茶器的研发创新　带来满满的成就感

根据北方市场尤其是北京市场的需求开发、设计、研制"弘建茶器"，让张兴荣充满了成就感。如今，回忆起那些研发的产品，他如同说起自己的儿女一样，熟悉、亲切。

弘建斗茶器是张兴荣早期的得意之作。随着消费者茶事活动的丰富，设计完美、使用舒适的斗茶器成了张兴荣念念不忘的事情。弘建第一代斗茶器充分考虑了斗茶人的实际需要，既是品茗杯，又是闻香杯，还是茶叶罐子；现在弘建斗茶器已推出第二代。考虑到茶人因到各地参加活动而不断流动的特点，张兴荣特意把盖碗和品茗杯结合在一起，用加厚的小布袋子包装起来，方便随身携带。

随着人们的餐饮休闲生活方式越来越丰富多样，餐饮界对茶饮的需求不断扩大，弘建茶器把产品开发延伸到了餐饮业。弘建茶器在确保方便实用的基础上，针对客流量大的需求开发了容量3 000毫升到5 000毫升的储水器，一次可以满足30～50人的饮茶需求，北京的很多品牌餐饮企业都在使用。张兴荣说："像海底捞，门店人流量很大，每天需要接待几百上千人，我看到这个储水器很好地解决了顾客的饮茶需求，感到很有成就感。"

现在外出旅行、选择户外休闲生活的人们越来越多，弘建茶器又开发了户外泡茶器，目标是实现"有水就能饮茶"，不管在户外还是在火车上，只要有水就能喝茶。该产品一推出，就受到了驴友们的广泛好评。

既然要研发产品，就要敢做第一个吃螃蟹的人，市场上带一个"舌头"的过滤网就是张兴荣开发的。这种过滤网早期用的是201、204的钢，待发现这种钢不是食品级时，他就换成了食用级的304钢，这在马连道是最早的。

张兴荣对细节也是一丝不苟。一次，弘建茶器为一家企业开发定制了一套茶器，张兴荣总觉得包装上的"提把儿"手感不好，于是他到处寻找，最后发现苹果电脑包的提把儿使用起来最舒服，就开始寻找这样的产品。经过两个多月的寻找，他终于在深圳找到了一家能生产这种提把儿的工厂。而在此之前，为试制这样的提把儿，张兴荣已经花去打样费一万多块钱。但这不是损失！张兴荣说："在精益求精做产品的时候，我感觉就是在不断磨砺自己、提升自己。"

国茶器的"精细化"

弘建茶器近20年的产品研发历程，反映了中国茶器从早期对港台、日韩的模仿，到自主研发、品质提升，再到产品日益丰富、制作更加精细的几个阶段；同时，也见证了中国茶器从自发生产到自觉规范的历程。

张兴荣说，中国茶从生产到消费一直依赖于直觉、经验，每个人都倾向于跟着感觉走。而这种认知观念和行为习惯制约了茶产业的发展和消费市场的提升。有一次，一家茶企的老板带着他的店长到张兴荣的百茶研究院推介他们的新产品，张兴荣观察到这是一款很老的白茶，第一泡最起码要泡三分钟才能泡出它的滋味。但他们一个说要泡一分钟，一个说要泡两分钟，张兴荣按照他们说的取了中间数一分半钟来泡，结果茶汤很淡，像一点甜味的水，根本没有茶味。这家企业的老板都有些懵了：这样的新产品怎么打开市场？第二泡张兴荣把时间增加到三分钟，结果这款新产品的滋味和品质一下就出来了。那天，他们三人围绕这款茶冲泡的时间不断进行尝试，最后终于达到了最佳的口感。这位老板掏出本子把泡出这款茶最佳口感的每道茶的时间都一一记录下来，说以后就按照这个时间标准来泡这款茶。

通过这个事情，张兴荣领悟到：现在不少茶企虽然做得很大，但他们并不了解自己茶叶产品的特性，只是在跟着感觉泡茶、依照旧经验卖茶。张兴荣说："茶产业需要精益求精，而茶器在精细化上大有可为。"他举例说，弘建茶器的闻香杯容积是75毫升，品茗杯容积是25毫升，这样设计就是要让一个闻香杯中的茶汤正好可以倒满三个品茗杯，少了不礼貌，多了又浪费。

弘建茶器的很多细节都体现了他们的精心设计和独到用功。比如弘建的茶盒在平整的平面前段，加了一个几乎看不出来的上翘，这样每次放茶进壶时就能用这个1毫米左右的挡口把茶末挡在后面；同时，茶盒还增加了一点点长度，能够将大叶茶甚至太平猴魁方便地放进去。

再比如公道杯。市面上按照150毫升标准设计生产的公道杯大都有偏差，这就影响了茶汤容量。弘建茶器在生产设计上把修胎、上釉、烧制等各道工序对容积的影响预先考虑进去，确保最终的成品是标准的150毫升。在长期的实践观察中，张兴荣还发现公道杯的把手会有折射，从而影响观看茶汤的准确度。于是他们经过精心设计开发出了不带把手又方便提拿使用的公道杯。

为中国茶器的"标准化"添砖加瓦

茶器虽小，但作为品饮用具和茶叶量器，"标准"是其应有之义。如何实现？那就是茶器最终要实现"标准化"。

尤其是随着人们茶消费方式的多样化、精细化，茶产业自然需要给消费者提供一个科学的、标准化的消费服务和品饮指导。

张兴荣说："现在市场上的茶器除了国家的质量安全标准外，在外观设计、容积大小上是没有标准的。而这正是弘建茶器可以发挥作用的巨大空间。"有志于此的张兴荣带领弘建茶器，多年来坚持从消费者需求入手、从细节入手，不断寻找最佳的功能与设计标准参数，然后形成了弘建茶器自己的产品标准体系。

审评杯是泡茶的专业用具，它的质量影响着专业审评的结果，进而给茶产品带来正面或负面的影响。在一次全国最顶尖专家参与的专业审评中，张兴荣把当时能找到的全世界的审评杯全找了过来，结果发现竟然也是五花八门，仅仅在容积上就差距甚大。经过实际测量，发现斯里兰卡的品茗杯大多很小，120多毫升；台湾产的基本都在130毫升左右；有家杭州出品的容积为138毫升，最接近150毫升。实质上，品茗杯标准的容积要求是150毫升，但在制作时容易出问题。比如胎做厚了，就不够150毫升了；也有做的薄的，本来可能是150毫升，但是设计了一个缺口，切得太低，就又不够了。茶汤多少不一，内含物质含量和口感肯定也不一样，这样的茶器怎么实现科学审评？

审评杯倒茶时要倒过来卡在大杯子上，但有很多卡不住，盖子也容易掉。于是弘建将卡口的标准高度增加了1毫米，达到2.5毫米，这样就不容易滑出来。更有意思的是，张兴荣发现，用过的审评杯空置好后，第二天杯口下部会留有1厘米左右的茶渍。用这样的审评杯，每次在给每个专家倒完一道茶汤后，总要甩三下。他们不是为甩而甩，而是因为这样的审评杯一次倒不干净。很多不明情况的人以为这是审评的规定动作，也跟着学，殊不知这实在是茶器不科学带来的"笑话"。弘建茶器经过设计改造，将碗抬高0.8厘米标准设计生产，同时将停杯的斜度提高，统一标准后，弘建生产的审评杯再没有出现过用后残留茶水形成茶渍的现象。

为确保产品品质，弘建茶器执行了全方位的标准。比如陶器的烧制温度一般在1 260℃左右，但张兴荣为了产品质量，要求弘建陶器产品的烧制温度要达到1 300℃以上。虽然次品率会提高，但这20~30℃的差别，就像冠军跟亚军的差别一样，产品质量能检测出来，消费者也能感受出来。

赋予弘建茶器人文情怀

说到标准化，人们就容易联想到工业化，以及没有个性的冷冰冰的机器。而实际上，工业化、标准化是通向人文情怀的必由之路。张兴荣说，有问题的盖碗在设计上有缺陷，又没有通过标准化来避免，于是很多盖碗不是烫手就是洒汤漏水，这样的所谓"个性化"既伤人皮肤又伤人面子，哪里能跟人情味挂上钩呢？

为了解决盖碗烫手的问题，弘建茶器花了很多精力进行研究、改进，终于研制出了不烫手、还能让茶汤充分摇香的盖碗。针对茶馆行业，他们充分考虑到服务员奉茶的实际情况和最佳温度，通过控制茶器的质地、厚薄、茶器布置的程序，最终让按照标准操作的茶艺师很容易就能做到冲泡时茶汤90℃左右，倒入分茶器时降为80℃左右，斟进客人杯子时在70℃左右，客人端起来喝时茶汤水温恰到好处。这样既不会让客人久等，又不会让客人烫嘴。

张兴荣说："这些努力之后隐藏的是大量细节上的精益求精、标准上的一丝不苟。目的只有一个，那就是让消费者获得最好的茶品体验、品饮享受。"他举例说，弘建的玻璃茶器一定选好的玻璃原料，因为好的原料能把玻璃茶器的剔透度提高，客人的视觉观感、对茶汤的直觉感受都会提高。

通过茶器实现对茶叶品质的呈现，最终服务的还是茶消费者。现在白茶兴起，但白茶滋味淡，如何实现"特别的爱给特别的你"？张兴荣通过实践，开发出了新的煮茶器，倡导"白茶要煮着喝"，提高了白茶的浓度和柔和度，也一举解决了茶馆、茶庄的痛点。他分析说："使用煮茶器，一是能够把白茶分解得更小，便于消费；二是突出了原叶泡茶的时尚健康；三是快捷，解决了等餐时的无聊。我做过测算，客人坐下来，茶艺师开始煮茶，跟客人对话两三句的工夫，也就是30～40秒，茶水就上来了。这样客人的焦躁没有了，店员服务水平提高了。"

谁说小小茶器没有大大情怀呢？

引领未来的"百茶研究院"

不知不觉间，专注解决泡茶难题的弘建茶器已经走过了20年。20年的产品研发、100多项国家专利，记录着张兴荣在马连道创业、发展、成长的历程。如今，走过早期模仿阶段、中期本土研发创新阶段的弘建茶器，迎来了百茶研究院综合解决方案阶段。

2018年，在伟大的改革开放四十周年之际，马连道迎来了新的产业定位和发展目标。张兴荣也跟随着马连道的脚步，迈进了新的发展阶段。早在2016年，张兴荣就搭建起了"百茶研究院"这个新平台。他说："我一直有一个理念，一个人一生专注把一件事情做好，他就是专家中的专家。"

现在，弘建茶器具有这样的能力——把尽可能多的好茶、好水、好器集中在一起，把马连道乃至全国的茶业资源整合在一起，通过百茶研究院来研究如何把一壶茶泡好。张兴荣说："回顾这20年，我们没有把茶泡好的根源就是没有进行系统的梳理。而现在，时机成熟了，我们集中力量做茶器具、做配套解决方案。从批发到品牌定制，再到与品牌企业进行战略合作，把弘建的品牌植入到大型商超的体系中去。现在有很多企业想入股弘建做茶器连锁企业，如果我们为这个10亿销售额企业做前端开发的话，茶器基本上能占到5%，就是将近5 000万规模，未来空间还很大。"

走进马连道的车流人流中，张兴荣很快就淹没不见了。但他这句话留在了我们耳边——

"我刚来马连道的时候，周围的楼都还没有盖呢。现在，我们又要再次出发了……"

认认真真做事，踏踏实实做人。

业精于勤，荒于嬉！

顾建春

赢得了人品，赢得了口碑，就是人生的最大赢家！

"神雕侠侣"展风采
品牌江山"福香春"

记北京福香春茶叶公司董事长项建春
北京鸿运徕茶文化传播有限公司董事长王雅雯

◆ 安明霞

工作中有知己相助是事业的最高境界，夫妻间以情人相待是婚姻的最高境界。商战中，能将婚姻与事业经营得风生水起者必将是行业的赢家，天下的高手！

金华人"北漂"北京大钟寺

浙江是中国改革开放后最为活络的地区，浙江人的机智、实干使浙江成为改革开放后较早富裕的省份之一，北京福香春茶叶公司的项建春便是浙江茶界商人中的典型代表。1990年，项建春在金华市一所中学高中毕业。初中的学霸、曾做过班长的项建春高考落榜，继续复读一年依旧名落孙山，于是他选择了在当地工厂打工，两年后他不甘于每月80元的工资，想到外面的世界走一走看一看。1993年，项建春只身一人来到北京，在大钟寺蔬菜批发市场附近住了下来，希望能够借助当时京城最大的蔬菜批发市场的功能批发茶叶。项建春之所以选择茶叶作为来京后的首选项目创业，源于金华地区是全国重要的茶叶产区，还有计划经济时期国家三大茉莉花茶加工厂——金华茶厂。小时候，望着门前屋后郁郁葱葱的茶园，想着帮助父母采茶后的成就感，喝着家里加工的茶叶，项建春冥冥中感觉到他与茶的缘分。来到北京后，他感觉再没有比茶更适合他的行业了。

一年后，项建春的初中同班同学王雅雯也来到北京。王雅雯师范学院毕业后在一所小学任教，项建春来京前两人已经确定了恋爱关系。随着北京生意慢慢有了起色，1995年，王雅雯毅然辞去教师的工作来到北京，与项建春一起开创未来。

起初，项建春的销售方式是带着茶叶到各大茶叶公司、商场茶店去推销，有了订单就从金华直接批发茶叶，另外，也蹬着三轮车走街串巷零售。一年后，他了解了北京人的茶叶消费习惯，在大钟寺蔬菜批发市场租下了一家店铺，当时批发市场内已聚集了十多家茶店，算得上北京最早的茶叶批发市场雏形。项建春的销售方式就变成了实体店+走街串巷。那时，北京特别流行早市，天蒙蒙亮，项建春蹬着三轮车，王雅雯坐到车沿上，拉着不同等级的茉莉花茶赶往早市，每天3个小时就有200元的销售额，回来后店里开门一天的零售又有三四百元，一整天下来稳扎稳打有五六百元的销售额。有时也去参加各种展销会，一个礼拜下来就有一笔不菲的收入，在那个崇拜万元户的时代，项建春早早地踏进了万元户的行列，每年有大几万元的纯利润让夫妻俩非常满足。

与中国第一代企业家用汗水创业一样，项建春夫妇在收获的同时也付出了艰辛，少不了辛酸的往事。项建春刚到北京的几年不太适应冬季寒冷干燥的气候，有时送货蹬着三轮车一天要走二三十里路，手裂出血，还生了冻疮，往往一个冬天都好不了。有一次，在赶往早市穿过胡同的路上，王雅雯正怀着老大、挺着大肚子坐在三轮车上，由于车多路窄，路上险些碰到王雅雯腹部，如今回忆起来依旧心有余悸。

王雅雯本是家中最受宠的公主，喜爱装扮，但初到北京的3年里她没有买过一件新衣服，没进过一次大商场。为了尽快完成原始积累，他们可谓节衣缩食。有一次项建春买了份两毛钱的报纸，王雅雯埋怨了他半天。现在回忆起来，当时真的有点抠门，王雅雯从来京后就开始拿着两个小本天天记账，开销一本，收入一本，每一笔收支都清清楚楚，即使是两毛钱的支出也着实让王雅雯心疼半天。这样的情况直到1998年才有所改善，这些良好的习惯为日后公司财务管理积累了不少经验。

"游商" "坐商" "主战场"

早期在大钟寺开店时，项建春与王雅雯过着"男耕女织"的生活，项建春在外跑市场，王雅雯在家看店。跑市场的过程中，有客户对项建春提及在马连道进货，当时还没听说过北京有个马连道，于是项建春打探地址，专门跑到马连道。现在回忆起来，23年前的马连道，从湾子到茶缘全部是库房，泥土路颠簸不平，路上行人很少，灰蒙蒙一片，街头零零星星散落着几家茶叶店，最大的一家当属北京茶叶总公司了。当时，不少零售店都到马连道进货，凭借两年多跑市场的经验，项建春嗅到了马连道的商机。于是，1995年下半年，他在马连道开办了三友茶叶经营部，主要批发浙江金华茶厂生产的茉莉花茶。"其实，当时能走进马连道不是我的投资眼光有多独到，而是碰到了'收账'的难题。"项建春坦言，"从小卖部到商场，我们都有供货，当时的合作方式都是先放货后收款，有些大店收款比较难。"特别是一件收账的旧事让项建春刻骨铭心，这也是促使他走进马连道开店的主要原因。就在项建春大儿子出生前夕，欠款30 000多元的一家合作商户，经过多次催款后答应先付款10 000元，而这10 000元计划要回来后作为王雅雯的住院生产费用，就在离预产期只剩三天，项建春去拿支票时却落空。在讨账回家的路上，这位七尺男儿落泪了，等着住院的钱没有着落，最终是亲戚、员工七拼八凑凑了1 400多元才保证了住院费用，有的员工将五角一元的零钱都拿出来了，而这30 000多元最终也没有收回。

马连道是项建春和王雅雯夫妇人生的一个重大转折点。当时大钟寺的店还保留着，而且生意也比较稳定，王雅雯主要打理那边的生意，项建春则负责马连道这边的生意，一南一北两店遥相呼应。1996年，马连道的三友茶叶经营部已经走上良性发展的轨道，当时马连道也就十多家茶店，采购商大多来自北方各省、区、市的茶叶经营户，当时来批发的商家都在"抢"茶。因为背靠国营生产企业金华茶厂这个靠山，有足够的供货量，三友经营部的生意可谓顺风顺水。1997年注册了福香春茶叶公司，公司的重心放到马连道，直到2005年，大钟寺的店才彻底放弃，全部人员转到马连道。

三友茶道看变迁

项建春与王雅雯夫妇在北京从事茶行业的25年发展轨迹，其实就是北京茶叶消费市场变迁的历史。

浙江省金华市位于浙江省中部，产茶历史悠久，茶文化底蕴深厚，历来是浙江省重要的优质绿茶产区。项建春当年来到北京，希望将家乡的绿茶卖到北京，当他拿着样品到各大商场推销时却碰壁了，销售人员告诉他：我们北方人不喝绿茶，草青气太重，只喝花茶。项建春是个有心人，他特别注意观察北京人茶缸子里泡的是什么茶，他发现自己住宿隔壁的大妈，胡同里乘凉的大爷，饭馆里泡的免费茶，全是茉莉花茶，而且泡得很浓，这让他看到了茉莉花茶的前景，项建春马上调整产品种类，联系金华茶厂推销茉莉花茶，从1993年到1997年，项建春销售的所有茉莉花茶都来自金华茶厂，当时全国有三大国营茉莉花茶加工厂即苏州茶厂、福州茶厂和金华茶厂，而金华茶厂产量最大，特别受北京市场的欢迎，随着茉莉花茶批发量的增大，金华茶厂的供货量已远远不够福香春的批发量。1997年，项建春到广西横县建立了茉莉花茶加工基地，实现了从源头到终端的可追溯，花茶从1997年100多吨的加工量，到后来每年300多吨的加工量，再到现在每年500多吨的加工量。项建春回忆说，特别是1998、1999年，当时茉莉花茶一到店里，就被一抢而空，周边商家都来抢茶。直到今天，茉莉花茶依旧是北京销量第一的茶叶，是北京人骨子里的文化记忆和情怀。

1997年后，北京市场上绿茶开始有人问津，项建春也试着卖一点绿茶，数量逐年增加，先开始从消费者最熟知的龙井卖起，再逐渐增加浙江香茶和其他浙江名优绿茶等。2000年后，铁观音在北方市场兴起，福香春也曾创下了年批发10 000吨的销售业绩量。1997年，福香春开始涉足普洱茶，但那时北方普洱茶市场还属萌芽阶段，问津者很少，直到2005年后北京消费者饮用普洱茶的人才渐渐增多，而如今的普洱茶在北京已家喻户晓。

品类品牌再升级

福香春销售茶类的变化显示了北京人饮茶习惯的变迁，福香春从品类到品牌的升级，同样也彰显了北京茶叶消费的升级。

回顾项建春公司的发展轨迹：经历了从个体到小型民营企业，经营的产品从散茶到品牌茶，经营的方式从以批发为主到批零兼售。这是消费需求的变化，同时也是企业成长的需要。

近年来，随着交通的高速发展和消费者购买方式的转变，马连道的批发功能逐渐减弱，作为一家以销售为核心的流通企业，如何顺应新形势，项建春和王雅雯对公司进行了重新梳理，提出了新的发展理念：以品牌立足市场。

2018年11月初的一个下午，离马连道不远的荣誉海鲜酒楼五楼大厅，近200名爱茶人围坐在布置精美的茶席前，共品云南白药天颐茶品公司出品的醉春秋新时代茶品，这是项建春和王雅雯进入茶行业以来第一次举办大型活动，也是福香春公司进军茶叶品牌销售的标志性活动，各界来宾深刻感受到了福香春的品牌升级之路。

2015年，福香春公司与云南白药天颐茶品有限公司签订了战略合作，一举拿下云南白药天颐茶品"醉春秋""红瑞徕"的省级经销商，后升级为全国经销商。这一年，福香春同时还精选了绿茶中的"狮"牌西湖龙井、"龙王山"安吉白茶等品牌签约，作为京津冀的一级代理商，正式启动了福香春茶叶公司的品牌升级之路。

中国茶叶品牌众多，如何选择适销又能长久合作的厂家品牌，其实也有高深的学问。项建春和王雅雯本着两个原则：一是对北方市场畅销的茶类拿捏精准，因为有着20余年一线茶叶销售的经验，这对于他们来说已经不是问题；二是挑选本茶类中的前三甲企业合作，目的是在合作中学习品牌企业的文化和管理经验。事实上第二条还是有一定的难度，在这个过程中，项建春和王雅雯夫妇及时选择了进修学习，报名参加了北京大学经营方略总裁班。2018年项建春再次前往长沙参加了中国茶叶商学院的学习，成为马连道少有的不断充电提升的企业家。经过两年的品牌运营，项建春和王雅雯深有感触，企业的格局更大了，学习了先进的经验，这对公司未来的发展是一笔宝贵的财富。项建春表示，前期品牌运营稳定后，公司还将优中选优，再增加一些茶类品牌，选择那些理念一致、发展长远的企业合作，全面提升福香春的店面和产品品质。

顺者生逆者亡。变，是企业发展的永恒哲理。项建春在25年的经营中深刻感受到，每到一定阶段，企业必须升级，他将自己的企业发展归纳为三个阶段：1993～1997年的个体户经营阶段，无品牌；1998～2014年突出福香春流通品牌，全茶类经营；2015年以来全面进入品牌经营阶段，强调产品品牌。项建春坦言，每一次的升级，都是对掌门人经验、魄力与学识的一次检验，福香春能够在市场中勇立潮头，归根结底是经得起市场检验。

对于马连道未来的发展，项建春和王雅雯夫妇非常关心，在这条街上开了20多年的店铺，住房、商铺等资产全部都在这条街上，希望茶叶一条街能越来越兴旺。项建春认为，在顺应首都新的功能定位上，马连道要在打造文化街区上下足功夫。目前，马连道让消费者感觉就是一个卖茶的地方，过去20年，马连道确实发挥了重要作用，但是近年来随着消费升级和流通渠道的变革，马连道批发、零售的功能在逐渐减弱，如何与时俱进打造符合未来发展的新型业态，是这条街亟待解决的问题。项建春认为，一是充分发挥建成的北京茶叶博物馆的作用，茶叶博物馆对茶叶销区来说意义重大，现在的问题是如何发挥茶叶博物馆的价值，通过博物馆让更多的北京市民和国际友人了解中国茶。二是这条街的店面需要升级改造为品茶、学茶、传播茶文化的美学空间，茶叶经营者也需要自身的学习提升和身份转换，特别是对中国茶文化的学习，从茶叶经营者转换为茶文化传播者。三是与茶文化相匹配的传统文化的引入。茶叶一条街不能只有茶，茶只是载体，以茶为载体的传统文化都可以引入这条街，如品茶听戏、相声专场等文艺节目都可以为这条街注入新的活力。

这世上没有完美的茶，我们都是在不完美中感知完美，从而再一次趋向完美。

人生情味品"茉莉"
茶海风云香"长龙"

记福建长龙茶业有限公司总经理梁承钢

◆ 冯斯正

"他年我若修花史，列作人间第一香"，宋代诗人江奎专门作诗赞美茉莉花。不敢说茉莉花确是"第一香"，但有茉莉相伴的茶叶，却是最有情的茗味。

梁承钢和他经营的长龙茶业，专注产制茉莉花茶30年，为马连道带来阵阵芬芳。

白色和绿色，童年的梦，事业的缘

梁承钢的故乡在福建省福州市连江县长龙镇，那里濒临罗源湾，这片雨水丰沛的沃土，在400年前就是"云端上的茶乡"。

梁承钢和茉莉花茶的缘分，始于童年，始于他的曾祖母。

梁承钢回忆，在洁白的茉莉花海里，奔跑着，欢笑着，就是自己童年的真实写照；而自己的曾祖母，生前最爱用瓷罐沏花茶，喝完的茶渣她总是不忍丢掉，要捡回来晾晒后再利用。他对茉莉花茶的感情，在儿时就埋下了种子。

20世纪50年代，连江县政府为安置印度尼西亚、马来西亚等地的归国华侨，建立了一个"华侨农场"，专门种茶。农场出产的茶被福州很多茶企选为花茶原料。受此启发，1988年，梁承钢的父亲接手了一个村办企业，创立连江长龙茶厂，生产花茶茶坯；同年，梁承钢的曾祖母过世。

1990年，梁父决定做自己的品牌，开始制作茉莉花茶。1993年，梁承钢随父辈来到北京，把店开在三里屯，两年后又搬到前门的西河沿胡同。那几年，在北京三环内的各茶庄，常常能看见一个不到二十岁的小伙子扛着一兜子茶样，把自行车停在门口，进店寻找各种合作的可能。几经辗转，终于在1997年，长龙茶业在马连道落脚，这一扎根就是20年。

梁承钢和哥哥梁承志，从长龙茶业创建至今一直经营茉莉花茶。回顾这过去的30年，经历了茶叶市场青、普、红、白、黑各类茶轮番登台唱主角的大潮更迭，也体会过大量次茶以低价出售引发不良竞争的滔滔恶浪，但长龙茶业这艘船，始终帆不破、桅不折，"做优质好花茶"的方向也不曾偏离。

让梁承钢印象最深的是在质量低劣的低价茶大肆横行的时期，有一位客人以成本价购得长龙茉莉花茶后，同其他低价茶对比还是觉得太贵，最终退货。而这倒让梁承钢干脆挺直了腰板：以后绝不再接受议价，明码标价的茶叶该卖多少就卖多少；市场的不正之风迟早会过去，而好茶势必会有出头之日。

梁承钢对茉莉花茶是痴迷的，这既关乎回忆，也关乎背后的制作工序。

制作茉莉花茶分制茶、窨花两步：长龙茶业的茶坯选用福鼎大白茶和大毫茶为原料，春天茶农采摘鲜叶，经杀青、揉捻、烘干，然后精制成茶坯；窨制用的花坯则用广西横县的茉莉花，选用晴天采摘、刚刚绽放的花；之后将茶花拌和，整夜静置后进行窨花、通花、起花、烘干，前前后后加在一起需要十二道工序。若要做出上佳的花茶，最为繁复的窨制过程要进行十多次。

"做茶讲究水到渠成、慢工出细活，花茶尤其需要耐心和爱心。茉莉花茶选择了我，这对我而言既是缘分也是事业，有花有茶的日子已经陪伴了我30年，未来依旧会是这样。"

立在山峰处，用睁开的眼，看更远的路

1997年，凭借过硬的产品质量，长龙茶业成为名气响彻北方茶叶市场的京华茶叶的供货商。1984年，国务院放开茶叶流通，到1999年，经过十余年的全面放开，引起了国内茶叶市场的激烈竞争，与此同时，联合利华公司入驻中国，其旗下品牌"立顿"红茶在中国大获成功。联合利华公司留意到了中国人的茉莉花茶情节，于是同年，收购了北京老品牌"京华茶叶"。作为京华茶叶供货商的长龙茶业，也就顺理成章地继续为立顿茉莉花茶供货。

当时联合利华公司负责茉莉花茶研发项目的是一位名叫蔡亚的留英博士，在实地考察了京华茶叶的供货商后，他选定了长龙茶业在福州长龙镇的茶园作为原料产品研发基地。19岁的梁承钢，是唯一的生产技术对接人。

从联合利华收购京华茶叶到2002年停止茉莉花茶的生产加工，这几年是一个中国茶叶老字号的空档期，但却是梁承钢不断攀登的积累期。"中国农科院的研发团队，联合利华的充足资金，还有长龙的研发基地和原料！和如此专业的一流团队一起研发产品，真是难得的机会。立顿先进的管理理念、规范的技术操作、严谨的做事风格，让自己每一分钟都在学习。"

和立顿的业务交往，让年轻的梁承钢发现了一个与中国茶叶产制不同的地方：标准化。这直接决定了产品能走多远。立顿袋泡茶，还有可口可乐等一些畅销世界的产品，工业标准化生产赋予它们稳定的口感和品质，产品像整齐划一的军队一样齐刷刷地向世界消费市场进军，并培养出一批批忠诚的用户。

"当然，这和中西文化的差异有关，中国文化讲究意会，喜欢意境悠远、迂回蜿蜒，所以我们的茶更多追求的是千变万化的韵味和美感，而西方文化比较直接，走实用高效路线。这并不能说明孰优孰劣，精制散装茶和流水线袋泡茶各有各的好，但是从传播范围、体量、影响力上，肯定是后者更利于达成。"

与立顿的合作经历开阔了梁承钢的视野，也打开了他的思维。对数据的敏感和生产的严谨，让他日后对长龙茶业的产品和工艺有了更高的要求；同时，他并没有盲从全工业化的茶叶制造，而是寻找工业和手工制作的结合点，走适合中国茶情的发展之路。因而今天长龙的茶叶无论在加工技艺方面还是在产品标准方面，在茉莉花茶同行中都堪称标杆。

花香是茉莉花茶重要的品质评定因素，长龙在保持茉莉花香的持久性上，曾进行了反复的研究，最后决定用"烘装"工艺替代传统的"提香"，同时借鉴立顿的制作经验，将传统手工窨制技艺进行改良，使之更加适应现代化生产。梁承钢表示，只要把握好恰当的窨制温度，就能达到节省人力物力且花香更持久的效果。

按梁承钢的话说，"这世上没有完美的茶，我们都是在不完美中感知完美，从而再一次趋向完美。"

旧情酿新酒，一样的茶味，全新的征程

站在位于马连道的办公室窗边向外望，目光所及的每一栋建筑，梁承钢都能准确地说出它20年前的样子。"刚来马连道时，日子过得很惬意，白天卖茶，晚上和几个同龄的朋友坐在大树下，喝茶聊天。"

"我记得，从1996年起马连道确立了茶叶批发市场的定位，后几年，京马茶城、京闽茶城、马连道茶城、京鼎隆茶城陆续落地……"到2001年，马连道已有"六城鼎立"的局面，商户有上千家；到2010年，十几个茶叶批发市场蓬勃发展，业务范围辐射整个华北。然而，随着其他北方城市茶城茶市的不断兴起，马连道作为北方地区茶叶批发中心的地位逐渐弱化，业务量也被分流；街区内，发挥集体效应的"一条街"模式，也使多家茶城出现同质化现象，褪去往昔色彩。

"前路究竟如何我不知道，但是街区的运作模式、展示方式，肯定是需要转型的。当然，我们企业也要转型，未来一定是街店共同升级。"

梁承钢认为，人们总觉得上了年纪的人才会接受茶这种饮料，但事实上，茶可以被任何年龄层的人喜爱。目前，长龙茶业开始在品牌年轻化上发力，产品走精品化路线，包装更加便捷、有设计感，口味方面除了传统的浓香型，更着重在适合年轻人口感的清香型上下工夫。

在长龙的福鼎基地，梁承钢开辟了一条茶旅线路。消费者可以亲自参与采茶、制茶，食宿在茶园，体验在茶园。同时，在拉近茶和消费者，尤其是年轻消费者的距离方面，长龙茶业采用了两种配套方法：一方面，通过和媒体合作开展征文活动，用文化传播茉莉花茶；另一方面，长龙茶业在2017年开启"千店模式"，在全国的近千家茶庄里铺货，在终端发力。

"过去，茉莉花茶在北方市场的份额曾占到95％，马连道最早也是茉莉花茶唱主角，但这些年各类茶叶轮番登台，茉莉花茶早就失去光芒了。"长龙茶业在发展中也面临过一些选择，但梁承钢最后还是决定坚守，"在千变万化的年代，往往最需要坚守，要把握方向，不迷失初心。但处在瞬息万变的环境，也要学会顺应，跟上市场的步伐，踏准时代的节拍。"

刚来马连道的时候，没有路灯，到了晚上漆黑又朦胧，就好像初到北京，事业、生活一切尚处于懵懂状态的梁承钢，前途未卜的长龙茶业亦是如此。后来，梁承钢在这里遇到了妻子，生下一儿一女；长龙茶业逐渐成为很多茶庄的供应商，产品销售情况越来越长。而不知何时，马连道的土路铺上了柏油，道路也被拓宽，夜幕降临后，路灯也早就亮了起来。

梁承钢总觉得眼前的茉莉花茶，还是当年曾祖母珍爱的茉莉花茶。走在街上，他时常忆起20年前的场景，那些店、那些人，好像就在眼前。貌似一切都没有变，但确实又变得更好了。

厚积薄发，宁愿轰轰烈烈地干一场，
也不愿平平庸庸地过一生。

颜益华

颜氏"益华"
行稳志远

记北京颜氏益华有限公司董事长颜益华

◆ 马志伟　　许志壮　　炼 晨

　　再次见到老颜，是 2018 年盛夏，门外大树茂密，遮天蔽日，蝉鸣不绝于耳。在老颜的店里，茶香习习，木质装修简约又不失大气，店里摆满了茶叶，黑茶、白茶、红茶，只要你能想到的茶类，老颜这里都有。与 3 年前见面时相比，老颜，眼神里多了一份笃定，更加随性、更加善意。

　　茶界流传这样一句话，"北方黑茶收藏谁老大？要数北京颜益华。"　但慢慢聊起来才知道，除了是黑茶收藏大家，颜益华原来还是木工专家和紫砂壶收藏大师。

木匠工匠 自强不息

踏进马连道颜氏益华茶堂，木地板、木货架、木桌、木椅；窗明几净，厅堂雅致；字画名壶，茶香渺渺。寒日客来茶当酒，竹炉汤沸火初红。此情此景，令人心绪瞬间淡然而平静。

"我是农村孩子，深深地知道贫穷是什么滋味。13岁时，我曾经辍学，想学徒做木匠，可是人又小又瘦，不堪体力劳动，不得已再次入校读书，一年多后单薄的身子才硬朗起来。"颜益华说，改革浪潮掀起，在神州传唱《春天的故事》的歌声中，带着在家乡福建宁德做木匠学来的手艺，他背井离乡来到北京。

来京前，颜益华一直在福建做木工生意。2001年春天，34岁的颜益华两手空空来到北京，成为北漂大军中的一员。他试图在北京闯出一番事业。颜益华每天都坐着拥挤不堪的公交车，住在地下二层的狭小空间里，每月350元的房租都令他捉襟见肘。说到此处，颜益华调侃自己真是颜面尽失，同时伸出四个手指比划："失颜落魄"。

颜益华从老家带来了十多个木工兄弟一起做木工活。一到北京，他便把眼光盯在了马连道这条茶叶街上，但他做的不是茶叶生意，而是为茶叶店装修、设计展台等。谈到这里，颜益华骄傲地说，马连道这条街上大部分茶叶店都是我设计、装修的！

他说："那个时候，我就住在地下室，帮助这个小区的人家装修，小区旁边就是马连道茶叶一条街，我还要兼顾茶店装修，每天都很忙。那时候我就发誓，我一定要在这个小区有一套属于自己的房子。"

在马连道这条街上，没有人不认识颜益华，他被大家亲切地称为老颜。因为颜益华的做事认真和不懈努力，2004年，颜益华实现了安居首都的目标，同时，他成了马连道装修行业的木工专家，由小木匠脱胎换骨成为大工匠。

颜益华挥动起粗大的双拳，用力捶打一个个茶柜、一排排货架，无比自信地表示：这些木柜木架都是真材实料，我凭良心精工打造，经久耐用，它们禁得住时间的考验。也正是因为设计、施工，每天和茶商们打交道，谈天说地之余一定会喝上一壶茶，再聊一聊茶叶的市场行情，日复一日，老颜开始对紫砂壶、茶叶行业产生了浓厚的兴趣。

名壶好茶 相得益彰

颜益华做任何事情都会抱着一股执念：只要敢想就一定敢做，要做就一定轰轰烈烈！

早先做装修生意，慢慢地开始关注紫砂壶，颜益华只要一听说哪儿有好壶，他一定会腾出时间跑过去；听说哪儿有懂壶的人或者哪里来了位制壶名家，哪儿就会看见他学习的身影。就是在如此的累积中，他一点点地学习、收藏，至今已拥有大量名家紫砂壶。家人不支持也不能成为他的阻力，他认定了的事情，就会尽力去做。颜益华说，马连道这条茶叶街上，只要是卖紫砂壶的人都挣过他的钱，因为老颜看到喜欢的壶就买，起初，只有在店内消费了，店家才会愿意和你深入沟通，也正因如此，老颜从起初的爱壶到后来的懂壶。

跟老颜拾级而上，我们来到颜氏益华紫砂艺术品展馆参观。在柔和灯光的投射下，精美的紫砂壶琳琅满目，大师作品令人叹为观止。颜益华像一位艺术大家，气定神闲，逐一介绍他的宝贝，如数家珍，娓娓道来：这是顾景舟题字并铭刻、周桂珍大师的作品"单圈回纹壶"；那是蒋蓉大师的作品"佛手壶"；还有汪寅仙大师的"大圣伯壶"；高振宇大师的"大彬如意壶"……"壶里乾坤大，杯中日月长"，爱茶人对一把好紫砂壶往往孜孜以求，好茶配好水，名壶育好茶。颜益华追求"茶与壶"珠联璧合，相得益彰。2009年，继益华茶庄之后，颜益华的"益壶堂"品牌正式亮相，现已成为北京名壶销售的名店之一。

"少年辛苦终身事，莫向光阴惰寸功。"颜益华的经历证明，当别人还没有看到的时候，颜益华开拓了，就具有了前瞻性；当别人还没有做到的领域，颜益华抓住了，便是商机无限。

做茶做人 厚积薄发

"我老颜之所以能做到别人所不能，就是因为把任何事情都想在了前面，"一股执念带来了今天的成就。老颜说，2005年，他在茶缘茶城开了一家小店，由于没有钱也没有茶叶，老颜从隔壁商户借了2万元的茶，"那时候我也不懂茶，隔壁老板给我什么茶我就卖什么茶，没有钱给他就先赊着，卖了茶我再结账，就这样，我的小店生意很不错。那时候我卖六堡茶，客人来品尝后都说好，他们再去隔壁老板家品，非说没有我的茶好喝。"老颜说，"这可能跟喝茶的氛围有关系。"

2006年的一天，几家茶店的老板在喝茶聊天，闲聊中提到马连道茶城一家商铺在转让，转让费是45万元。说者无心听者有意，接连的7天时间，老颜每天都去那家店门口观察，人流络绎不绝，就这样，在所有人都不看好的情况下，老颜毫不犹豫把店盘下。因为他了解原店主的性格，老颜没有砍价，但是当时没有那么多积蓄，老颜和店主商量，先付15万元，接下来的30万元10个月分期付清，就这样，他们达成了协议。但是，那时候老颜手里连15万也没有。这时方见老颜骨子里带着的一股执念和一种魄力！

东拼西凑，钱还是不够。灵机一动，老颜开始招商，将店面分租出去，招租了两家小企业，7万元一年的店租，老颜要求提前付清，加上茶缘茶城小店的转让费，15万元的首付终于凑够了。

钱的问题解决了，老颜开始发愁货源，这么大的店，货架上空空如也，这时，老颜找到茶缘茶城一家店主，向他许诺将自己的新店面做成他的库房，如果马连道有人需要茶叶，老颜帮他跑腿送货，店主欣然答应。一个星期后，老颜的店摆满了茶叶和茶具，一波三折后，老颜的店终于正式开业。

老颜坦言，马连道茶城这家店成就了今天的他，没有当时的一股执念和魄力，就没有他的今天。

我们随颜益华驱车来到位于北京市通州区的黑茶收藏仓库。

2017年，老颜将位于北京大兴区的仓库搬到了通州区，本是两层的仓库，老颜凭着自己装修的功底每层增加隔板，总面积达6 000多平方米。

颜益华说："我从2009年开始小范围收藏茶叶，广西六堡、安化黑茶、福鼎白茶我都收藏，目前，库房共收藏茶叶1 000多吨，现在算算，近几年在黑茶收藏方面花费了大概有1亿多元。" 2009年起，他利用十年时间收藏了制成于20世纪60年代至90年代的老茶、黑茶，何等气度，何等远见！在长期收茶、品茶过程中，颜益华练就了知茶、识茶的"火眼金睛"。

老颜反复强调，任何事情，要么就不做，要么就要做到最好，而且最重要的是，要抢在别人之前。他开始收藏黑茶正是看中了其中的商机。他听说哪有好茶就会直奔过去。有一次，他接到朋友的电话，山西有一家人因为收拾仓库，翻出了存在家中18年的黑茶，因为也不懂茶就这么一直放在库中。老颜看了茶后当机立断以1.5万元的价格将黑茶收回北京，回京后，老颜叫来朋友一起鉴定，收来的黑茶目前直接出售就价值4万元。

大家都没做的时候，他去做了，这便是商机，黑茶火起来之后，他占领了制高点，利润也最高。颜益华早先做紫砂壶收藏的时候同样执着，是出了名的"较劲"。

2009年，颜益华的"益壶堂"正式亮相后不久，占地700平方米的"晟茗黑茶总汇"也隆重开幕，目前这是北京最大的黑茶旗舰店。

2012年，颜益华把装修生意转手交给当初从福建带来的兄弟，他开始专心做茶叶生意。很多人都在质疑，为什么颜益华在木工生意最鼎盛的时期放手，他是这么回答的———个人只能专心做一件事，并一定要做好。

令人钦佩的是，老颜在事业上不仅把牢自己，还能很深切地体会到其他中小企业发展的不易，其中资金是个大问题。为此，身为北京茶业商会副会长的他与银行磋商，最终找到缓解资金压力的办法，解了众商家的燃眉之急。

若非熟悉他本人，你很难相信，这么多重要的事会交集在一个生意人身上。在装修这一领域，不管是口碑还是技能，他在巅峰期转行入茶业界；紧接着，大家都还停留在一片质疑与非议声中时，他又不声不响地在马连道茶行中闯出了名堂。

"人无我有，人有我精，人精我特。"正如颜益华一直信奉的一句座右铭——"宁愿轰轰烈烈地干一场，也不愿意平平庸庸地过一生。"在他的眼里，只要有梦想，就会有他前进的目标和动力。

厚积薄发 "三鹤"十省总代理

颜益华经营的黑茶主要为广西三鹤六堡茶，湖南白沙溪黑茶、益阳茯茶，安徽祥源茶叶，陕西泾渭茯茶及中粮茶叶等十大知名品牌茶。他拿下了"三鹤"六堡茶北方十省市的总代理，也是三鹤六堡茶全国最大的经销商。用他的话说：我的黑茶，是业界品牌总汇，我要做一名有益健康黑茶的"黑老大"。他收藏的黑茶中年份最久的有产于20世纪50年代的黑茶。

那么，老颜为什么要收藏黑茶呢？又是什么原因让他做出做一名"黑老大"的决定呢？

颜益华说，首先，黑茶有益健康；第二，黑茶可以将时间、空间转化为金钱；第三，收藏黑茶还能交到很多朋友。"经常有几个朋友带上他们收藏的各年份黑茶来找我，品饮后对茶叶进行点评，互相切磋学习。"在老颜的心里，六大茶类中只有黑茶是老百姓喝得起的好茶。

"我要大力推广六堡茶，我一定要让这个老品牌复兴。"

广推茶文化 善莫大焉

在朋友的眼里，老颜是一位茶的导师，让更多的人了解茶、接触茶、爱上茶，他不仅自己在藏茶，还在推广一种茶叶消费理念。在我们心中，颜益华就是北方仓的代表，所谓"颜氏益华"就是一个"颜氏"做的所有事情就是有益于中华茶产业，通过一己之力带动更多的人弘扬茶文化，推广茶文化，真是善莫大焉。

平日里，老颜会给朋友普及黑茶知识。在自己的黑茶世界里，老颜的话匣子算是打开了，他告诉我们，黑茶收藏很讲究，一定要记住三忌：第一，阴凉忌日晒。因为日晒会使茶品急速氧化，产生一些化学成分，如日晒味，长时间不易消失。第二，通风忌密闭。通风有助于茶品的自然氧化，同时可适当吸收空气中的水分，加速茶体的湿热氧化过程，也为微生物代谢提供水分和氧气，切忌使用塑料袋密封，可用牛皮纸、皮纸等通透性较好的包装材料进行包装储存。第三，开阔忌异味。茶叶具有极强的吸异性，不能与异味的物质混放在一起，宜放在开阔而通风的环境中。

老颜是一位乐于分享的人，他做的不仅仅是黑茶的收藏，而是传播黑茶文化，老颜的朋友说："他就是我们的茶师傅，所谓传道、授业、解惑他全都符合，传播的是茶道，授业是告诉大家藏茶的方法，解惑，解答的是对黑茶收藏的疑惑。他是真正爱茶的人，不像一些'土豪'仅仅是收茶，他会时常拿出茶叶让大家品尝分享。"

老颜在收藏的过程中发现黑茶在随着存放年份的变化而发生的变化，他会把不同年份的茶拿出来让朋友们品尝、探讨，践行着那句话：茶和人之间不应有距离，人们不用顶礼膜拜茶，而是应亲切地接触茶。

老颜告诉记者："我资助了广西两个高中生，他们去年已经上了大学，都考入了名校，我每月按时给他们打钱，1000块钱对我来说怎么都可以省下，但对他们来说，有可能改变他们一生的命运。"

如今，老颜带领自己的三个儿女做着茶叶生意，他告诉记者："我时常教导我的儿女，做人一定要有诚信，只有这样，别人才会信赖你的产品。"

"我凭我的信用在马连道越做越好，马连道成就了我，这里就是我的根据地，未来几年，我计划在北方各省省会城市开设三鹤六堡茶的直营店，不忘初心方得始终，马连道是成就我梦想的地方，马连道就是我的家，我希望它越来越好，因为只有家好了，我才能更好！"

老颜身上有"八度"：政治的高度、历史的深度、人文的广度、情感的温度、投资的角度、茶界的关注度、收藏的强度、推广的力度。这"八度"成就了一个颜益华。

　　风云历练，用匠心打造完美产品品质。不断找好茶，做好茶，立志为大众提供更好茶蕊。茗正堂用自身严苛精细的制茶工艺生产好茶、放心茶。

巍巍茶魂"茗正堂"

记北京茗正堂茶业有限公司董事长李政明

◆ 张 蕾

    在马连道，要买安吉白茶，很多对马连道有一定了解的"老茶客"会推荐"茗正堂"。在马连道，茗正堂的品牌形象店虽然低调，却声名在外。创始人李政明已经在此扎根了将近20年，马连道见证了茗正堂的成长，茗正堂见证了马连道的兴衰。"我想我这辈子应该离不开马连道了。"茗正堂茶业有限公司董事长李政明表示。

1999年，进驻马连道

    1997年，年轻的李政明怀着一腔热情，从家乡浙江省磐安县来到了北京。当时的他年轻气盛，希望可以在繁华的北京有一番作为，把家乡的生态龙井茶卖出名堂。

    梦想总是很美好，但现实却很骨感。

    初来乍到的李政明，一切都需要从头来。刚开始，他和妻子在当时的朝阳区孙河市场开了一个小小的店面，主要为马连道的商户提供生态龙井茶。李政明每天骑着自行车，在北京城里来回穿梭，日子虽然辛苦，但生意也慢慢上了轨道。随着不断发展，李政明认识了越来越多的茶行业从业人士，与马连道的联系越来越紧密，对北京的茶叶市场也越来越了解。

    渐渐地，依靠精心经营，李政明有了一些稳定的客户，有了扩大经营的打算，找到一个更合适的门店成为当务之急。经过多方考察，1997年底，李政明把店搬到了方庄，1999年正式进驻马连道，之后就彻底扎根马连道了。

"要想做好茶叶生意，马连道是必须要占据的据点。"李政明告诉记者，虽然他们决定到马连道开店的时候，马连道还在发展之中，设施并不完善，但他们当时就非常看好马连道未来的发展，于是毅然决然来到这里，开启了事业的新征程。事实证明，他们确实是眼光独到。刚来马连道的时候，李政明先是租了一个路边店。茗正堂就是从当时的一个路边店起步，慢慢发展成了现在的规模。

　　李政明说，自从他来到了马连道之后，他看着马连道与茶的联系越来越紧密，因为茶，马连道焕发了新的生机。回忆起马连道的发展历程，李政明如数家珍：2000年，马连道被北京市商委命名为"京城茶叶第一街"，被北京市评为当年"十大特色商业街"；2005年又被中国步行商业街工作委员会评为首批"中国特色商业街"。此后，作为首都功能核心区的特色商业街，马连道逐步向以特色商业为基础，融文、商、旅、居等于一体的综合功能区方向发展。这些变化都是在李政明的见证下发生的，也与茗正堂的成长息息相关。

　　至今，李政明依然还记得"非典"期间马连道生意火爆的场景。因为当时北京市政府大力宣传绿茶能够增强免疫力等科普知识，拉动了绿茶的市场消费，大家纷纷跑到马连道采购绿茶，市场一度非常热闹。

　　茗正堂在马连道站稳脚跟之后，大家对他的为人和他的茶都非常认可。上午经常会有客户在店门外等着他开门买茶。这些画面都成为李政明记忆中抹不去的亮色。

2004年，与安吉白茶结缘

　　刚来北京的时候，李政明经营的主要品类就是生态龙井茶。一方面是因为家乡有龙井茶的资源，他希望给家乡做一些贡献；另一方面，在北方销区，龙井毕竟属于知名度比较高的品类，他认为消费者应该会比较认可。但是，真正做起来之后他却发现，名头响产品未必就好卖。

李政明告诉记者，刚开始的时候，他对生态龙井抱有很大的希望，从产品到服务他都尽力做到尽善尽美。可是在销售的过程中，他发现，由于龙井知名度高，而且当时的管理又缺乏足够保障，因此很多不法商家会钻空子，时而会有"真茶卖不过假茶，好茶卖不赢劣茶"的尴尬。这个问题一直困扰着李政明。终于，转机来了。

一次偶然的机会，李政明遇到了安吉白茶。当时是2003年，那时，安吉白茶在市场上还并不流行，卖了很多年茶叶的李政明对安吉白茶了解也非常少，但因为是朋友推荐，而且他也希望丰富自家产品的品类，于是就拿了少量的产品尝试在店里售卖。通过这次近距离的接触，李政明感受到了安吉白茶的魅力。他发现，这种自己并不怎么熟悉的茶叶不仅外形有优势，口感也很鲜爽，非常受消费者青睐。甚至有顾客觉得它比龙井更好喝，主动要求购买安吉白茶。李政明嗅到了商机，第二年，他就应消费者需求开始大量进货。随着"非典"期间绿茶热在北京的兴起，品质优秀、价格适中、口感稳定的安吉白茶迅速赢得了众多回头客的认同并发展壮大。2004年，李政明店里的安吉白茶月销售额达到40万元；2008年，安吉白茶的月销售额达到了180万~200万元。安吉白茶不仅市场反应良好，而且也解决了李政明卖龙井时候的困扰。安吉白茶虽是后起之秀，但由于产区管控严格、品质稳定、渠道规范，因此迅速获得了良好的声誉，销售一路增长。

有了经营龙井的经验，开始打算大力推广安吉白茶的时候，李政明就明白品牌的重要性，他注册了"茗正轩"品牌。当时，李政明主要是做批发，做品牌代理。后来，随着生意越来越好，李政明的安吉白茶经营体系更加完善，也开始设计自己的包装。于是，"茗正堂"品牌应运而生。"茗正堂"既来自于堂主人李政明的名字，也来自于李政明做茶的理念——"茗茗（明明）白白做茶，堂堂正正做人"，这既显示了茗正堂产品的特色，也体现了李政明坚持"正道规范"的企业精神。

凭借口感芬芳、货真价实、品牌可靠的核心优势，"茗正堂"安吉白茶在北京崛起。

稳扎稳打　打造茗正堂品牌

从夯实基础到创新发展，茗正堂不忘根本，一直用恒心追求完美的产品品质。经过十余载的发展，茗正堂用严苛的制茶工艺制造好茶，"茗茗（明明）白白做茶，堂堂正正做人"也成为茗正堂的制茶之本、企业之道。

随着在马连道的发展越来越好，李政明对茗正堂也有了更长远的规划。"今年我们计划开始发展加盟，主要以北方市场为主。"谈起加盟的计划，李政明表示，其实在很多年前，就有一些人上门找到他，表达了对茗正堂产品的认可，希望可以成为茗正堂的加盟商。但是当时，他觉得时机并不成熟。那个时候的他把大部分的精力都放在了提高产品质量、提供优质服务上，他认为这才是品牌发展壮大的核心竞争力。他心里非常明白，做品牌，不能急于求成，必须稳扎稳打。

终于，经过近20年的积累，茗正堂的基础越来越扎实。如今茗正堂的产品，不仅有价格上的优势，而且有稳定的品质、可控的渠道、完善的产品体系、可溯源的产品编码，这些已经建立起了茗正堂在零售圈中的商誉，为发展加盟打下了坚实的基础。

所以接下来，李政明将大力发展茗正堂品牌加盟。他表示，要用自己多年的从业经验，给有志于与茗正堂一起成长的加盟商一定的帮助和指导，共创品牌未来。他也相信，茗正堂可以给有志于与茗正堂一起成长的加盟商一个实现共赢的明天。

除了发展加盟，李政明还计划发展电子商务。之前，虽然很多茶行业的品牌都尝试了电子商务，但李政明却没有轻易尝试，因为他不愿意打没有把握的仗，所以先是从旁观者，总结经验。他发现，茶叶通过电商渠道销售确实降低了成本，但也容易让商家陷入价格战，加上前期投入与推广费用，茶叶电商很难盈利。但如今，随着移动互联网对消费行为及消费习惯的改变，"新零售"时代已经来临。虽然重感情的李政明很喜欢在店铺里与客户一边喝茶，一边交流，水到渠成地做生意的感觉，但他同时也知道，电子商务是茗正堂必须迎接的挑战。

如今，茗正堂的发展宏图已经铺开，广阔天地，大有可为。但是李政明依旧很坚定地把北京定位成自己的大基地。他表示，茗正堂在北京起步，在马连道成长，未来马连道还是茗正堂的根。磐安老家也好，安吉也好，都将在北京总部的指挥下，为茗正堂的发展贡献力量。

期待马连道变身

在马连道的20年时间里，李政明的生活与工作已经与马连道融在了一起。如今，马连道转型升级被提上日程，李政明一直关注着。站在商户的立场，他非常期待马连道的转型升级。

李政明表示，要想在马连道立足，品牌很关键。有了品牌，就意味着服务提升。那些只想倒卖的商户，不仅产品质量没有保证，而且也不符合马连道未来的定位，最终将被发展的洪流所淹没。马连道要真正实现转型升级，除了要有政府的大力推动之外，还需要全部商户的配合。

此外，马连道必须提升文化内涵。李政明发现，过去的马连道一直以茶叶的批发业态为主，这几年，随着北京商业业态的整体升级，更多的茶企开始在马连道设立自己的品牌文化体验店，他觉得这就是值得期待的改变。

西城区"十三五"规划提出，要着力将马连道打造成以茶为特色、多元发展的文化创意街区。要发挥茶文化体验、茶品牌展示、茶服务创新三大功能，进一步疏解批发、仓储、物流功能，树立街区品牌形象、文化形象和创新形象。这让李政明非常期待。

虽然离开马连道的人不少，但李政明是不打算离开的，他坚信，未来马连道终将崛起，而茗正堂必将伴随着马连道的崛起迎来新的飞跃。

正如李政明所说："比起做大做强，我更想做正做久"。

只要干不死，就往死里干。

进步不止步
坚守方鼎盛

记中艺鼎盛茶业有限公司董事长陈绍章

◆ 张 蕾

北京的6月尤其炎热，炽热的阳光洒满了马连道的每个角落，这里的茶香似乎也像夏日的阳光一样，分外浓郁。当我们在马连道格调茶城与中艺鼎盛茶业有限公司董事长陈绍章交流时，更感受到了"热情"与"冲劲"。

小木匠进京卖茶叶

烈日似乎更加激发了陈绍章的工作热情。在店里忙碌的他一身休闲打扮，感觉就像一个冲劲满满的小伙子。为我们沏上茶，他打开了话匣子。他描述自己是一个典型的"停不下来"的人。

虽然年纪不大，是个1980年出生的"80后"，但这个"停不下来"的特点，让年纪轻轻的陈绍章成为了一个"有故事"的人。

陈绍章的老家是福建宁德蕉城。2000年，刚刚20岁的陈绍章来到了北京，第一站就到了马连道。当时他对北京一无所知，只是带着对首都的向往，带着对未来的期待投奔在北京的叔叔。陈绍章回忆，其实当时家里人并不特别支持他来"北漂"，但当时的他觉得外面的世界很精彩，守在老家虽然安稳，但少了些激情，所以他毅然走了出来。

在老家，陈绍章学的是木工，他的爷爷就是一个专攻木工的手艺人，做木桶的手艺在当地远近闻名。陈绍章的木匠活则是跟他的叔公学的，叔公也是兢兢业业的老木匠，一生都沉醉在木匠活上，对手艺要求很高。从小看爷爷干活，耳濡目染，陈绍章对木工活也积累了深厚的感情，特别是自己做了木匠之后，更体会到了手艺人的严谨。

在老家，过去生活的方方面面都离不开木工，所以木匠非常受尊重，但到了陈绍章这一代，很多木制品逐渐被替代，木匠也不那么"吃香"了。于是陈绍章决定到北京，寻找更好的出路。

为了更快地熟悉北京，陈绍章先来投奔了北京的亲戚，来到了马连道，在亲戚的茶店里帮忙卖茶叶。因为老家产茶，陈绍章对茶并不陌生，加之在马连道卖茶的很多都是福建老乡，陈绍章很快就适应了这里的生活。不过因为各种原因，陈绍章卖茶的日子只持续了仅仅半年的时间。但这半年，让他与马连道建立了离不开的"链接"。

靠着手艺闯北京

不卖茶了，做什么呢？是要离开北京回老家安稳度日，还是豁出去在北京再闯一闯呢？年轻的陈绍章决定在北京闯一闯！要在北京站稳脚跟，做什么呢？陈绍章经过深思熟虑，觉得自己还是喜欢木工，也有不错的木工手艺。爱观察的他也发现，在马连道，做木工的非常少，马连道的茶叶店里基本都没有什么特别的装修，更别说设计理念了，基本都是最简单的铁架，商品就直接放在铁架上，泡茶桌也没有。这是不是一个机会呢？虽然自己并不肯定，但"停不下来"的他很快就把想法付诸了实施。

现在看来，当时的陈绍章做了一个非常正确的决定，可以说中艺鼎盛的诞生高度契合了马连道的发展。当时，随着马连道茶叶一条街的不断发展成型，各大茶城相继建设完成，来马连道寻找商机的茶商越来越多，很多消费者也慕名而来。渐渐地，开始有客户跟陈绍章定制实木货架和泡茶桌。因为这些配套家具市面上当时很难找到。陈绍章回忆，当时的马连道茶店里是用餐桌代替泡茶桌，根本没有专门的"茶家具"。

于是，在2001年，陈绍章做回了自己的老本行，承接各种装修相关工作。想起刚刚起步时经历的艰难，乐观的陈绍章说："虽然很有收获，但确实不容易。"

先不说创业的难处，克服南北方生活差异就让陈绍章吃了不少苦。决定重拾老本行之后，陈绍章就从宿舍里搬了出来，跟老婆和兄弟一起租住在如今的丽泽商务区附近的平房。当时那里还是简陋的村舍，附近还有菜地。北方冬天寒冷，做饭、取暖都靠他们之前都没有见过的蜂窝煤炉，这让陈绍章始料未及。

陈绍章回忆说，当时他们几次煤气中毒，所幸没有发生大的事故。生活上的这些困难，陈绍章都克服了，但工作上打开局面也需要时间。刚开始承接装修工程的时候，为了多赚点钱，除了跟茶相关的设计生产外，他还接了很多小装修工程，有一些工程只收到了定金，有时尾款都没有收回。遇到这些情况，陈绍章肯定是郁闷的，但执着的他还是坚持了下来，并逐渐把业务专注于茶家具。陈绍章介绍，他应该算是全国最早专做茶家具的厂家。在当时，他想找个合作伙伴却根本就找不到，只能靠自己从头开始。

小家具做成大事业

目标明晰，全心努力，付出终于得到了回报。2005年，局面打开了，陈绍章在老京闽茶城开了第一家店，专门为茶商装修并定制茶家具。随着马连道的愈加规范，茶商对于"门面"的要求也越来越高，这对陈绍章来说无疑是商机。生意逐渐增多，陈绍章又在天福缘茶城开了店，生意越来越好。

陈绍章告诉记者，在2008年到2013年期间，得益于马连道的快速发展，茶商们资金都很充裕，所以那个时候大家经常换装修，陈绍章亲手拆除了很多茶店里的铁货架，换成自己做的木货架。这也带动了中艺鼎盛的蓬勃发展。高峰期，中艺鼎盛在马连道开了3个店，产品辐射至周边城市的很多客户，他基本整天都在忙着生产，忙着打包发货。

当时在马连道，很多做茶的人之间并不熟悉，但是他们大都知道做茶家具的陈绍章。那时的陈绍章可谓是意气风发，更想大干一场了。于是，"停不下来"的他新开展了很多业务——在福建租了山头搞农业，进军珠宝行业，成立古建筑公司、科技公司等。

从老家一路随着陈绍章在马连道打拼的妻子这样评价陈绍章："他属于激情型，总想干点事，想做就做，喜欢挑战，从没有消停过。"他们夫妻二人是自由恋爱，感情基础牢固，妻子一直对他充满信心，对他的各种决定无条件支持。不管沉寂还是辉煌，他们都一路扶持，共同面对。

虽然自己信心十足，妻子全力支持，但是人的精力毕竟是有限的，要一下子兼顾这么多的业务，让当时的陈绍章有些力不从心。现在回想起来，陈绍章觉得自己那时有些"浮躁"。

他认为，当时中艺鼎盛在茶家具行业中顺风顺水，有自己的努力，也是因为顺应了当时市场的需求。但市场是随时变化的，很多企业一飞冲天后就会遇到的"天花板"问题，当时陈绍章就遇到了。现在，他考虑清楚了，无论什么企业，在经营中必须放眼未来，不断学习，灵活应对，才能收获成功。但那时的陈绍章太年轻，有些被当下的成就蒙蔽了双眼。社会总会教人成长，马连道发展的高潮渐渐退去，很多茶商的生意受到了冲击，陈绍章的生意不可避免地受到了影响。而且当时的陈绍章铺的摊子太大，在危机面前有些应顾不暇。

"疯狂"后沉淀自己

虽然受到了打击，但陈绍章没被打垮。如今坐在记者面前的陈绍章经过风雨的洗礼，成熟淡定。陈绍章告诉我们，如今中艺鼎盛虽然不如高潮期发展迅速，但是处于稳步推进阶段，经过这些年的沉淀思考，他对大环境的变化、对未来的展望有了更成熟的想法。

他表示，之前的自己永远没有满足的时候，总觉得应该追求更大的成就，于是盘子越来越大，自己也越来越力不从心，没有兼顾好各个方面的发展。如今，他已经沉淀了下来，打算重新好好把自己的老本行——茶家具做好。

其实，做好茶家具并不容易。因为产品非常占地方，房租成本很大，而且产品更新速度渐慢，陈绍章表示，如果不是非常热爱家具这个行业，其实开个茶叶、茶具店更赚钱。在他看来，做茶家具不单纯是为了赚钱，是自己的兴趣所在，辛苦、赚钱少，他自己也认了。所以，即使面临市场变动，他还是坚持了自己的选择。

现在，中艺鼎盛的业务量虽然比不上高峰期，但非常稳定，生产环节也更加完善。陈绍章把主要的精力放在了设计和品质控制上。痛苦的升级过程已经熬过去了，陈绍章也经历了蜕变。

随着社会的不断发展，传统的茶行业也在不断推陈出新，进行产品升级。陈绍章说，接下来他想要做茶空间。其实，茶空间概念很久前就有，但是在他看来，茶空间还只停留在概念上，他心目中的茶空间应该是能够落地的。经历过风雨的陈绍章更愿意把事情做实，他想做可以复制的茶空间。早在2008年，陈绍章就有了做茶空间的想法，也注册了商标，但当时时机不成熟。大家还是以单品为主，但他认为茶空间要配合装修，所以一直观摩行业的发展等待适当的时机。现在，时机终于到了。

这段时间，陈绍章不停地跟设计师沟通，希望做出自己心目中的茶空间。从原料到设计，陈绍章从各个环节不断琢磨。能用茶做壁纸吗？能用茶砖做隔断吗……陈绍章表示，所有的材料必须是环保健康的，他希望未来的每一款产品都有自己的特色，未来的茶空间都有灵魂。"

坚守马连道

时光荏苒，当年的毛头小伙子已成长为独当一面的行业龙头企业家。他成长在马连道，马连道让他实现了蜕变，他也见证了马连道的变化。从刚来时破旧的平房、不完善的商业模式，到现在马连道在北方市场上举足轻重，陈绍章一直看在眼里，但同时，陈绍章总觉得仿佛昨天才来到马连道，并仍在努力融入这里。

如今的陈绍章，事业重心在北京，置业在北京。他已经与马连道这片土地血脉相连。谈及马连道的转型升级，陈绍章非常关注。他表示，自己一直在期待，但仍有一些迷茫。升级到底怎么走？马连道最终会完成怎样的"变身"？在他眼里，马连道其实一直在慢慢变化，慢慢转型、升级。未来不管如何变化，他对马连道、对茶行业的信心从未丧失。

他认为，马连道现在留下来的商家都是经过考验的，他相信，在大家的共同努力之下，在政策的支持引导下，大家一定会跑出转型升级的加速度，马连道一定会再次迎来发展的春天，他会一直与马连道一起努力，等着这一天的到来。

作为一个茶商，如何在市场上站稳脚跟？只要你真心爱茶、了解茶，就能找到突破口。北京徐氏嘉和茶叶有限公司的经营宗旨是以先知先觉的量化投资，赢得保质保量的利润。

蝶舞马连道
梅开紫砂春

记北京徐氏嘉和茶叶有限公司董事长徐蝶梅

◆ 梁妍

说起马连道，我们就不得不提到一个人，那就是马连道的"紫砂大姐"徐蝶梅。徐蝶梅可谓是马连道元老级的人物，第一批进驻马连道的老板中就有她。用她的话说，她是和马连道一起成长起来的。当她回忆起在马连道的点点滴滴时，感慨万千……

耳濡目染，爱茶看壶攒经验

1967年，徐蝶梅出生在江苏盐城的小县城阜宁，这个小县城虽然不大，却离生产紫砂壶的宜兴很近，这就让徐蝶梅从小耳濡目染，学习了不少紫砂方面的知识。令她没想到的是，这些知识将会是她一辈子的财富。18岁时，她家在盐城开了一家叫"龙井茶庄"的小茶叶店，每天家里都充满着清幽的茶香，茶的种子就这样"播撒"在她的心中。

当时，江苏人基本上都在喝龙井茶和碧螺春，偶尔买一些杭白菊。因为阜宁不是产茶区，所以只能从宜兴进货。那时候的徐蝶梅在常州纺织工业学校学习服装设计，身边有很多来自宜兴的同学，他们的家里大多都有几亩茶园，她经常到同学家里收购茶叶，拿到自家店里售卖。

毕业之后，徐蝶梅被分配到一家制作阿拉伯长袍的服装厂上班。工作之余，她仍旧在帮家里卖茶。本以为今后的日子就一直这般安逸地度过，可是命运却没有如此安排。徐蝶梅工作的服装厂在改制过程中没有顺利渡过"洪流"，不久便倒闭了。被逼无奈，年轻气盛的徐蝶梅凭着一股闯劲儿，决定上北京碰碰运气。

闯进北京，挖掘黑茶高价值

1997年，徐蝶梅踏上了开往北京的列车。来到北京之后，徐蝶梅思来想去，决定继续经营茶叶生意，便在马连道原京马茶城、现在的马连道家乐福下面，租了一个小店。刚开店的时候，她很发愁茶叶在北京的销路，毕竟她擅长经营的绿茶保质期很短，一旦超过保质期，就要全部丢掉，如此便会亏本。这时，她想起在宜兴收茶的时候，看到紫砂制品很受欢迎，而且紫砂制品不涉及保质期的问题，没准儿在北京也会很受欢迎呢？抱着这样的想法，徐蝶梅购进了一两千元的绿茶和几千元的紫砂制品，到北京的店里售卖。别人将进价20元的产品标价300元，而她却只卖35元，她说卖得价高了，良心不安。通过薄利多销的方式，徐蝶梅的紫砂制品在北京打开了销路。当时，紫砂泥人的小茶宠很受欢迎，很多旅游景点、茶叶店、小商品店都在卖，很多人都到她店里批发紫砂泥人，每天能卖出几千个。

就这样，徐蝶梅卖了七八年的紫砂壶。当时几乎没有人在马连道卖紫砂制品，所以徐蝶梅就成了"第一个吃螃蟹的人"，很多人甚至不知道她的名字，只知道她的外号——紫砂大姐。连她自己都没有想到，她竟然成了当时马连道的标杆式人物。打开北京市场之后，徐蝶梅的胆子也放开了，她根据顾客的需求购进了上千斤宜兴产的碧螺春，还在宜兴建立了自己的茶厂、仓库、办事处。碧螺春的销量超出想象的好，为了赶上货物供应，徐蝶梅将茶叶包装工作外包给其他企业；每次发货的车队都排得很长，因为怕影响交通，只敢在晚上发货。看到自己的生意越做越大，徐蝶梅准备给自家产品注册商标，就这样，"洞螺"诞生了，"洞螺"是洞庭山碧螺春的简称。注册商标在当时可是个"时髦想法"，很少有人想到，徐蝶梅的这个做法也为她今后的发展省去了不少麻烦。

渐渐地，徐蝶梅的本钱越来越多，她又开始寻找新的商机。以前，她只收低档的紫砂壶，本钱多了以后她开始收中、高档的紫砂壶，扩大了紫砂业务的范围。为了解决绿茶保质期短的问题，她开始寻找一种保质期长、保健功能突出、最好还能有保值效果的新茶类。这时，普洱茶进入了她的视线，这是一种完全符合以上三种条件的茶类。但是，徐蝶梅对普洱茶的印象不是很好，不能接受普洱茶的加工过程和口感。为了消除对普洱茶的刻板印象，她几次去普洱茶区考察，最终在2005年选择代理普文茶厂的普洱茶。普文茶厂是云南的一家国营茶厂，有着丰富的生产经验和先进的生产技术。当时普文茶厂与徐蝶梅在绿茶出口的项目上有合作，借此机会她代理了普文茶厂的普洱茶。代理普洱茶之后，徐蝶梅就很少售卖碧螺春了，除非客人开口要茶，才从自家的茶厂进货，这无形中就减少了碧螺春的销量。

之后，善于思考的徐蝶梅又把目光放在了茯茶上。生性保守的她选择代理国营大厂湖南益阳茶厂的产品。这次，她又去了益阳茶厂进行考察。令她惊讶的是，益阳的厂房里竟然很少有工人出现，基本实现了全机械化清洁生产，工人们都在有条不紊地操作机器，厂房里窗明几净，完全颠覆了她印象中茶厂脏、乱、差的形象。通过这次考察，徐蝶梅对茯茶的印象大为改观，更加坚定了代理益阳茶厂产品的信心。随着时间的发展，徐蝶梅慢慢变成了"湘益"茯茶的最大代理商之一。

薄利多销，打开北京紫砂市场

徐蝶梅最大的特点就是稳健。她反复强调不追求高利润，价格绝对不虚高，要将价格控制在合理范围之内，依靠产品质量和口碑在马连道立足。因为利润薄，所以顾客来她店里批发紫砂壶，可以给批发价，但是不可以赊账，一定要现款现货。一开始，紫砂壶的销量没有那么大，她就低价位销售。慢慢地，她开始扩大规模。刚开始店面只有30平方米左右，后来做到200平方米，再到700平方米。她还在马连道建立了3个分店。2006年，她租下了现在2 000平方米的店面，并把3个分店的业务整合到现在的店面。

发展到现在，徐蝶梅可以骄傲地说自己是全国最大的紫砂经销商之一。因为，她把紫砂这种高端、文艺范儿的产品，推进了千家万户。很多宜兴的紫砂厂通过徐蝶梅打开了北京市场，得到了长远发展。有的紫砂个体户已经徘徊在倒闭的边缘，因为徐蝶梅的一单生意就盘活了资产，这也吸引着很多人带着感恩之心与她合作。很多紫砂制作者只会创造产品和品牌，却不会经营。徐蝶梅凭借自身在业界的多年积累，对紫砂市场很熟悉，她会告诉紫砂制作者什么样式比较流行、什么造型泡茶会更好、什么元素可以让产品更加出彩，从专利、外形到服务、艺术风格、品牌的名称，她都可以提出最中肯的建议。参考了徐蝶梅的建议后制作出的紫砂壶往往在市场上非常畅销。

为了走规模出效益的路子，徐蝶梅开了一个茶叶大卖场。即使在宜兴，也找不到像她品种那么全、产品那么多的店。拥有大规模产业的徐蝶梅从来没想过与其他同行竞争，因为她的体量已经是她的核心竞争力。这个稳健而又认真的女人只知道做好自己的事情，跟着自己的思维走，隔绝外界的"杂音"，不忘初心，方得始终。她认为马连道卖紫砂的人多了，总比自己一个人"孤军奋战"的时候生意好做。

适应市场，经验创造畅销壶

随着效益越来越好，徐蝶梅也在考虑如何经营才能更好地适应市场。徐氏嘉和有很好的实体店销售模式，管理模式和库存模式也很完善。现在快递很发达，信息能成为商机，渠道也能成为商机。要想适应市场就必须要做定制款紫砂壶。于是，她开始和一些紫砂制作人定制一些个性化紫砂壶。如果一个紫砂制作人一年做十款壶，他的家里不可能十款壶都有库存，而你可以在紫艺找到他做的全部紫砂壶款式，这就是规模出效益。徐蝶梅凭着眼光和经验以及对北京市场的了解，根据客户的需求，往往能采购到最便宜、质量最好的紫砂壶。宜兴的紫砂制作人做了一辈子壶，却不拿茶壶泡茶喝。那么这些壶在泡茶的时候，实用不实用？方便不方便？什么样的壶嘴可以出水更顺畅？什么样的泥料泡茶最好？很多制壶人的经验都来自于徐蝶梅，她给他们提出设计建议。

现在的紫砂艺术家的固有观念没有改变，不能很好地适应市场，所以好壶在他们手里往往就成为了滞销品。而在销售这方面，徐蝶梅是行家，她不但可以帮助这些艺术家销售紫砂壶，而且还可以通过分析为艺术家提出修改意见，让他们的壶不但好卖而且更适合泡茶。

其实徐蝶梅并没有系统学习过紫砂知识，她的知识积累都归功于一个多年的好习惯——记笔记。无论是在店里还是去宜兴收壶，她总能从顾客或制壶人的话语中得到书本上看不到的知识，这时候徐蝶梅就会拿出她的笔和本，记录她学到的知识。日积月累，她对紫砂了如指掌。现在很多人买壶并不是自己使用，而是将它作为礼物赠人。徐蝶梅的紫砂壶就这样乘着中外友谊的"巨轮"漂洋过海，走向了世界。这也给了她了解外国人喜欢什么流行元素的机会，帮助她的壶远销海外。

看准人才，把紫砂壶当期货

徐蝶梅坚持的是薄利多销的经营模式，那她最大的利润点是什么呢？她神秘地说："把紫砂壶当做期货。"她随后开始解释：比如艺术学校刚毕业的孩子，有创作的经验。因为年轻，他们的灵感特别强，创作激情比较高昂，设计的紫砂产品也多。而且初出茅庐的学生开始创业，他们设计的壶价格一般也不会很高。在这个阶段，徐蝶梅就会大量收购价位在1 000元～3 000元的壶，集中力量投资几百万。随着时间的推移，这些学生慢慢成长为艺术家，设计出的紫砂壶也变得更加精美，价格自然就会提升，等价格涨到一定程度，她就不收他们的壶了。这些紫砂艺术家的壶随着他们名气的增长，价格也水涨船高，他们年轻时制作的紫砂壶的价格比当初翻了好几番，这之间的差价就是徐蝶梅最大的利润点。徐蝶梅骄傲地说："我投资的其实不是壶，而是这些艺术家的造诣。"当然，她也不会盲目地找学生收壶，她会按照他们擅长的制壶技艺，例如雕花、泥塑、壶型等进行分类。然后选出这些类别中制作技艺拔尖的人，把钱投资到他们制作的紫砂壶上。

教育孩子，寻找热爱的行业

徐蝶梅不光是马连道的"紫砂大姐"，她还有一个身份，那就是3个孩子的母亲。她经常结合自己的工作经历，教育孩子们一定要找一份热爱的工作。很多父母都希望孩子们可以继承他们的"衣钵"，为孩子们的未来"铺路搭桥"。然而，徐蝶梅却更愿意放手让孩子们找到自己热爱的行业，学习自己感兴趣的知识，闯出属于自己的一片天。她不愿用"枷锁"禁锢住孩子们的梦想。孩子们曾经不能理解为什么妈妈的紫砂事业可以做到如此红火，直到他们看到了她记得满满的笔记本、井井有条的店面布置以及亲力亲为去宜兴收壶的举动……孩子们理解了妈妈常说的那句话——你不喜欢这个行业，它怎么会为你带来收益呢？因为你不喜欢，所以你不会想去深入了解它；因为你不喜欢，所以你不会了解它的价值……这样的话就干脆换一个自己热爱的行业。在行业里最重要的"武器"就是兴趣，最核心的"竞争力"就是热爱。

当谈到马连道转型升级计划时，这位"紫砂大姐"对此充满向往："徐氏嘉和公司现在也在慢慢地升级。相信在马连道转型升级的带领下，这条街会更加规范，更加有文化韵味，为我们带来更多的发展突破口！"

让消费者喝上干净茶!

人重初心在
茶贵"本无尘"

记江西高山茶投资有限公司总经理汪秌光

◆ 吴 震

"本无尘",看到这三个字,立刻令人联想到唐代郑允瑞《咏莲》诗:"本无尘土气,自在水云乡。楚楚净如拭,亭亭生妙香。"以"本无尘"作为"高山有机茶"的名号,如不是妙手偶得,则一定是锤炼精华!

那么,"本无尘"高山茶品牌的创始人是怎样的人呢?

他就是著名的有机茶专家、江西高山茶投资有限公司总经理汪秌光。

汪秌光清秀且轮廓鲜明的面庞,随意而率性的自然发型,温文尔雅的举止,透出儒雅的书卷气和学养深厚的理性自信。

人出婺源

　　汪秋光出生在江西婺源——中国顶级绿茶的传统产地。毕业后，他作为人才被引进江西省婺源茶叶集团。凭借对于茶叶营销的潜心钻研和经营管理的才干，他被调任到茶叶集团下属的保健茶厂任副厂长。之后，他把市场营销理论和开拓市场的实践紧密结合，在市场经济体制转型过程中上下求索，在急剧变革的社会经济大潮中，调整经营策略，也塑造着人生初心、精神格局和前行动力。

　　20世纪90年代中后期，我国外贸体制发生了根本性的变化，由国家统管体制向外贸企业自主经营方向转变，这直接影响到了茶叶生产加工企业的生存。原来"皇帝女儿不愁嫁"的国家顶级绿茶突然无人收购，企业生产加工出来了优质产品，却不知道市场在哪里、不知客户需求如何。对于一个企业来说，经营体制转轨变型也是一场凤凰涅槃、浴火重生的过程。

　　谁来担当突出重围、杀开血路的"尖兵"呢？汪秋光主动请缨，打算以一己之力为婺源和江西茶叶闯出一条新路。汪秋光的自信和勇气源于自己对于婺源茶质量的坚定信心，更来自他对市场营销理论的钻研，以及对于制胜市场、创出茶叶品牌的渴望。他在任婺源保健茶厂副厂长时经常出差来北京，深深感悟到北京茶叶消费的市场潜力。他认为，北京是中国的政治、文化、科技中心，对于全国茶叶消费有很强的示范效应。要使婺源茶叶走向全国和跨出国门，必须首先在北京消费市场占有一席之地。

婺源茶香

在北京打开婺源茶消费市场，探索婺源茶与北京茶文化结合的途径，成为汪秌光在北京的"第一目标"。他以婺源茶叶集团北京营销处为平台，对婺源茶与北京文化的融合和发展，进行了艰苦探索和创造性实践。20世纪90年代中后期，琉璃厂在北京文化市场上具有巨大的影响力，来自五大洲的国际友人都把琉璃厂看做是了解和感悟中国文化的"名片"。汪秌光最早的落脚点正是琉璃厂。他的婺源茶也成为北京琉璃厂一道独特的风景。

汪秌光通过对北京茶叶消费市场的调研发现，北京人对于茶叶消费的偏好与婺源茶的特色和优势是不对称的。北京人喜欢喝花茶，尤其以茉莉花茶为最；而对于以婺源茶为代表的绿茶，总感觉香气不如花茶浓。汪秌光称这个时期为北京茶叶市场的"茉莉花茶阶段"。汪秌光认为，北京茶叶消费市场这么大，文化氛围这样浓，把婺源茶与北京文化消费结合起来，一定能打开市场。在当时的北京，吹拉弹唱以及琴棋书画的文化消费，成为餐饮场所尤其是高档酒店消费的一部分。如果把茶艺表演融入其中，不仅能为这些高档酒店营造自然清新的文化氛围，而且能让婺源绿茶走近这些消费者。找到了突破口，进展就势如破竹了。汪秌光向北京四星、五星酒店提供免费的茶艺表演，提高宾客饮茶质量和档次，与这些宾馆酒店合作共赢。他笑称："在京城，婺源茶叶卖得很辛苦，但婺源茶水却卖得很风光！"

中央电视台《致富经》栏目，以汪秌光来京创业、打开绿茶消费市场为题材拍摄了专题片，收视率很高，引起了不小的轰动效应，该专题片荣获中央电视台优秀节目"金奖"。凭借央视的传播力，汪秌光茶文化的经营之道和婺源茶的优异品质在业界家喻户晓。汪秌光被业界推崇为"中国酒店茶文化营销推广第一人"。

对此，汪秌光是欣慰的，也是忧虑的。

打造"中国立顿"

汪秌光为何"忧虑"呢？

这缘于汪秌光久藏心底的婺源绿茶"品牌情结"。与高档宾馆酒店合作，固然打开了婺源绿茶的销路，也获得了经营收益和市场声誉，但高档酒店是不允许宣传和推广其他品牌的，婺源绿茶只能成为酒店品牌的一部分，这是汪秌光的"心中之痛"。作为中国顶级绿茶，婺源茶不可能"久居人下"，而必须走以茶文化为载体的品牌经营之路！为此，他不断钻研，多方考察，以求找到中国茶文化品牌发展之路。

汪秌光研究了国际茶饮品牌——"立顿"创立品牌的经验历程。"立顿"是全球最大的茶叶品牌，它象征着一种国际化、时尚化、都市化的生活方式。最初，在英国，茶是一种昂贵的饮料，只有富人才能享用。1880 年，英格兰格拉斯哥企业家汤姆斯·立顿爵士决心生产一种供普通大众享用的平价优质茶。他收购锡兰（今斯里兰卡）的茶树种植园，并进行茶叶的包装和运输，靠成本优势将优质茶叶直接从茶园销往茶馆。其广告词是"从茶园直接进入茶壶的好茶"。凭借超过一个世纪的种茶和配茶经验，立顿公司将汤姆斯爵士对茶叶的品质追求代代相传。这为立顿成为全球最大的茶品牌奠定了基础。

中国茶叶一定要结合茶文化，一定要走文化经营的路子，而茶文化集中表现为品牌经营。打造像"立顿"那样的国际一流品牌，是中国茶产业发展必由之路。当然，在中国茶品牌文化塑造的过程中，产品形式、文化内涵、传播方式都要有别于"立顿"等快消产品。

20世纪90年代后期，北京市政府开始培育马连道茶叶一条街。一心要打造中国茶叶品牌的汪秌光抓住机遇，进军马连道，在当时的京鼎隆茶叶市场开设了第一家集售茶与品茗体验于一体的门店，精心培育"贵士茗茶"品牌。他坚信，只要有坚守和匠心精神，就一定能达到目标。

他认为，中国的品牌茶叶必须首先是绿色有机产品，是纯天然、无污染产品。为此，他在传统评茶的色、香、味、形、叶底的基础上加上了对农药残留的评定，并开始了评茶师专业人才培训行动。汪秌光通过标准体系推广和人才培育行动，来推动茶叶市场和茶叶行业回归到绿色有机和生态文明的正轨。

他知道，这是一条充满艰险的正确道路。

扶优抑劣

有关资料显示，由于化肥、农药、除草剂等的使用，以及工业生产、汽车尾气等对环境的污染，大部分国内茶叶生产区域的土壤受到了不同程度的污染。因此，我国茶叶农药残留超标问题达到了不容忽视的程度。只有少数高山茶区的茶叶可以达到绿色有机的标准。绿色有机理念和农药残留评定标准体系的宣传和推广，在受到广大消费者欢迎和赞赏的同时，也遭到了茶叶生产和经营厂商的不理解和抵触。虽然他们也清楚这是符合业界长远利益和消费者根本利益的，但眼下的经营损失是他们无论如何也难以接受的。汪秌光对此痛心疾首地说："农药残留超标的茶叶本质上说就是垃圾，人根本不能喝！"

谈到茶叶农药残留超标的原因时，汪秌光说："原因是多方面的、复杂的，但从根本上说是一己私利在作祟。"他解释说，在目前国内茶叶市场上，除少数创新型产品外，绝大多数产品的市场价格没有多少提升空间。在茶叶产业链各个环节尤其是生产环节，能够提升效益的途径只有降低生产成本，其方式又不外乎减少生产性投入、减少人力成本、增加产品产量等。这样，除草剂、化肥、农药的存在就有了市场。

站在产业发展和国家层面考虑问题，汪秌光认为，不能任凭农药残留超标的情况继续发展下去，要从振兴产业和8 000万茶农生存这个最大实际情况出发，从产业链上、中、下游统筹解决，要"软着陆"，不可"硬着陆"，重在扶优抑劣。

要改变茶叶产业现状任重道远。

孜孜追求

什么是好茶呢？汪秌光认为，好茶的首要条件就是"安全＋健康"。要做出"安全＋健康"的好茶，必须要有"好原料＋好工艺"。

汪秌光认为，与"立顿"等国外作为快消品的茶品饮料不同，中国式的饮茶品茗是作为一种"有品位的健康生活方式"自立于世的。作为基本原料的茶叶必须是绿色健康的，这是中国茶文化的基本要求。他说："绿色有机茶，说来也很简单，就是恢复到我们小时候'茶是茶味，菜是菜味'的状态，即回归到无污染的纯净状态。"为了广大消费者，汪秋光把"喝到小时候曾经喝过的好茶"当作了事业追求的长期目标。为了得到有机茶，他亲自去种茶；为了保持对茶饮品质审评的敏感度，他坚持长期吃素；为了净化市场，他自觉担当起"义务检测员"，并带领同事朋友一同来做。一次，一位朋友请他去品茶，他端杯微品便皱起眉头："农药残留超标！"那位朋友说："不能吧？这是我们的顶级茶，招待宾朋多有好评，从未有人饮后存疑。"汪秋光把茶叶带回检测，结果证明此茶的农药残留确实超标了！此后，那位朋友也十分重视茶叶的品质了。

汪秋光的有机茶，一年生产一季，投入了大量的人工来维护管理，仅生产成本就超过了许多同行产品的销售价格，能做到"物美"却做不到"价廉"！而且，由于没有使用化肥等，有机茶的"卖相"不怎么好，卖不上好的价格。不少做有机茶的同行有一个共同感觉：做有机茶是一条"不归路"！

但是，他依旧坚守着，身体力行地推进着。汪秋光讲述了一个令人动容的故事：有一次，他陪同国家有机茶认证机构的专家前往一个茶产区，这个有机茶种植区分为七八块，分散在互不相连的几个陡峭山峰的山坡上。山高坡陡，攀爬吃力，每到一块种植区汪秋光与同行专家都大汗淋漓、气喘吁吁。汪秋光担心专家们身体吃不消，更担心专家们能否克服困难对所有有机茶种植区实地考察验证。他尝试着询问："这里有七八块种植区，可否用抽样调查的办法？"专家们坚定地表示："不行！每一块有机茶种植区都必须实地考察，现场取样，送检鉴定，要确保每一块种植区的有机茶都货真价实！"

汪秌光一听十分高兴："这正是我所希望看到和孜孜追求的！"

汪秌光对马连道茶叶街怀有深深的感恩之情。他来京经营茶叶、追求"让消费者喝上干净茶"20多年，在马连道设立体验店也有15年之久。他说："家乡是有机绿茶的产地，所产绿茶多年来一直是外贸茶叶的佼佼者，为中国绿茶赢得国际声誉做出了贡献。正因为带着婺源绿茶走进了马连道，与来自全国各地的其他绿茶和其他茶类进行比较，了解各大茶类的生长特点和理化特性，我对茶叶有了更深的理解和感悟。"

此外，汪秌光努力钻研茶叶专业理论知识，把对茶叶的感悟升华到理论概括和理化分析的科学层次。他又带着中外对茶叶香型和口感的分类和论述，与市场和饮茶场所的消费体验进行对照。多年来的学习、钻研、体验、对照、鉴别，形成了汪秌光虚实融合的专业理论体系和敏感精准的鉴别能力。对有机茶"咬定青山不放松"的坚守，使他成为了中国茶叶界少有的集种植、加工、营销、消费全产业链专业知识与技能于一身、独树一帜的复合型人才。

一次，江西一位经营茶叶的企业家，得知汪秌光正在当地考察，就特地邀请他品尝自己企业生产加工的优质茶。这位企业家不无自豪地介绍道："我们喝的茶叶产自高山云端种植区，那里的空气和土壤可谓纯净、健康、无污染，而且茶叶又是自己加工的，堪称顶级的有机茶。请您这位茶界大专家品鉴！"汪秌光端起观感不错的茶汤，慢慢品了一口，说道："您的茶叶种植园用了除草剂。""不可能！"企业家几乎跳起来："我对茶叶种植园是有严格要求的，除草剂是绝对不能使用的。您若不信，咱们一同到种植园去实地考察！"于是，这位企业家陪同汪秌光爬上云雾缭绕的高山种植区，空气、日照、湿度、土壤条件果然一流，茶园管理也井井有条。他们请负责种植园的农民"讲真话"。这位农民实话实说："只用了很少一点除草剂……"

"您真是神了！"这位企业家对汪秋光的高度敏感和精准的品鉴能力，佩服得五体投地，似乎忘了他"质量保证"失准的尴尬！汪秋光并没有因为鉴别出茶叶中除草剂的残留而沾沾自喜；相反，令他痛心疾首的正是大量高山茶园竟然用了除草剂！

茶梦交响

汪秋光对茶文化有着独特的理解和高层次的追求。他说："习近平总书记把文化自信与道路自信、理论自信、制度自信并列，并认为文化自信是根基和土壤，这为中国茶文化的发展指明了方向。"汪秋光认为，中国茶文化历史悠久，源远流长。中国人在唐或唐以前，就在世界上首先将茶饮作为修身养性之品。唐朝《封氏闻见记》中就有这样的记载："茶道大行，王公朝士无不饮者。"据称，宋代高僧圆悟克勤手书"茶禅一味"的四字真诀赠送给前来参学的日本弟子，日本的茶道由此孕育而生。汪秋光认为，无论从哪个方面看，日本茶道都是中国茶文化的历史留存。中国茶文化的振兴，不仅要把"留存"在日本茶道中的茶文化再"借鉴"过来，而且要汲取中华传统文化精华，在继承基础上进行创新。

关于茶艺，汪秋光认为，好茶是茶艺的第一基础；茶艺的基础作用就是把一杯茶泡好喝，在此基础上升华为一种美的境界，给人以精神上的美感享受。这种美感是在茶艺表演的过程中自然地使人身心融为一体，让人感到舒适、舒心。从事茶文化活动首先要自我修行，言谈举止都要符合应有范式、体现文化内涵。汪秋光认为，中国茶文化是一种高雅的生活艺术。他提出了"禅茶道"的概念，目标是把好茶经营、茶艺范式、文化修养、品茗艺术、心性感悟等融为一体，使中国茶文化建设有中国风范、有文化内涵、有共同标准、有整体氛围、有感化影响力。

汪秋光认为，中国茶产业的振兴，不仅在于种植和加工绿色有机茶，更在于消费艺术与茶文化的深度融合。茶叶本身的价值是有限的，而茶叶消费的附加值体现为茶文化，茶文化的价值是无限的。中国茶产业以茶文化形式走向国际市场，一定是可以有所作为的。

他同时认为，中国茶产业的振兴和走向国际市场，有赖于茶界的共同努力。为此，他首先自我加压，钻研传统文化，提升自身文化修养；传承徽商文化，大力倡导诚信经营，以义取利；组建茶产业联盟，把全国有真才实学的专家学者，集中于统一资源平台，以讲学、培训、视频教学、办〝网上茶学院〞等形式，推动中国茶文化逐步走向正轨。中国茶业必然是中华民族伟大复兴〝交响乐〞的合格演奏员，并将演奏出动听的乐章！

秉承以寻找心中"憩园"，在快节奏中享受上善生活为目标，做新时代茶文化的领跑者。

"静享茶乐" 老字号
"上善生活" 领跑者

记北京憩园仙山茶叶有限公司董事长周绍斌

◆ 张 蕾

　　静享茶乐为之"憩"，上善生活自在"园"，在中国五千年茶文化中，很多文人墨客在茶中寻找心灵的"憩园"。憩园茶叶作为北京老字号茶叶连锁机构，一直以寻找心中"憩园"，在快节奏中享受上善生活为目标，是新时代茶文化的领跑者。

　　马连道是北方茶文化与茶叶销售聚集的一条街，憩园茶体验店就坐落于此，其位于马连道路与马连道胡同的交汇处。体验店整体外观呈波浪形，远远望去，宛若一座座此起波伏的茶山。推开体验店有些沉重的大门，仿佛走进深山，远离了城市的喧嚣浮躁，呼吸着新鲜的空气，回归大自然的怀抱。凭借独特的设计理念和别具匠心的文化渲染，憩园茶体验店在众多的茶店里脱颖而出，成为马连道的地标性建筑，而这个地标性建筑的打造者就是北京憩园仙山茶叶有限公司董事长周绍斌。

闯北京的宁德小伙儿

周绍斌的老家是福建宁德。福建盛产各类茶叶，周绍斌家就有自己的茶厂，周绍斌从小就跟茶打交道。

周绍斌的很多记忆都与茶有关。很小的时候，他就开始跟着家里人采茶、做茶，记忆中最深刻的就是做茉莉花茶。要做上等的茉莉花茶，花非常重要。戴着斗笠，拿着塑料桶，顶着烈日去采花，是周绍斌珍贵的记忆。十一二岁的时候，周绍斌不仅能帮家里采茶采花，还能站柜台卖茶，这些经历让周绍斌积累了丰富的茶叶知识。

1990年，由于品质过硬，周绍斌家里的茶叶卖到了北京。后来，因为茶叶生意，周绍斌的二哥先来到了北京开展业务。1992年，为了帮忙，未满20岁的周绍斌也来到了北京。

刚到北京时，周绍斌住在酒仙桥附近。在还没有到北京之前，周绍斌在脑海里幻想过北京的画面，年轻的他心里虽有对融入陌生城市的忐忑，但更多的是对首都的期待。可当真正踏上北京的土地时，他＂傻眼＂了。他清楚地记得，到北京时正值冬天，老家的树上还点缀着绿叶，可北京的树却已经光秃秃了。比起老家的山清水秀，北京虽然大气，却让远道而来的他感受到了一股萧瑟。下了公交车之后，周围全是土路，周绍斌背着行李，跟着二哥走了15分钟才到了落脚地。

虽然与北京的初见并不十分美好，但周绍斌觉得，既来之则安之，未来总会好的。

会卖茶的柜台小哥

刚来时，周绍斌兄弟两个经营的是个小卖部，茶只是售卖产品中的一小部分。不过茶才是他们到北京的最终目的，所以这种情况并没有持续很久。兄弟两个经过摸索，半年之后就搬到了和平门附近，开了一个专营茶叶的店面。

茶叶店面积50平方米左右，主要经营茉莉花茶。茶叶店开张后，周绍斌主要负责站柜台，直接跟顾客接触。虽然刚开始有些羞涩，但周绍斌很珍惜这个机会，因为可以直接了解顾客的消费需求和偏好，帮助他更好地融入北京。渐渐地，周绍斌褪去了刚来时候的青涩，可以熟练地与顾客交流。很多大爷大妈都喜欢这个茶叶知识丰富、说话真诚、干活麻利的小伙子，他们认准了周绍斌这个人，也认准了他家的茶叶。周绍斌这样总结那段经历："我卖得开心，顾客买得也开心。"周绍斌回忆，那时，当他把包好的茶叶交给顾客之后，看着顾客拎着茶叶离开茶叶店的轻快背影，他心里的满足不可言说，他甚至会想象顾客回家喝茶时满足的样子。这段站柜台的经历让周绍斌学了知识、长了见识，收获了内心的成就感。也得益于这段经历，周绍斌练就了一手包茶叶的绝活。

站了一年柜台后，1993年，各种业务更加熟练的周绍斌开始去外面跑市场。那个时候跑市场主要就是去各个商场联系柜台，让柜台销售自家的茶叶。其实，当时周绍斌就知道马连道，马连道很多商户也从他这里批发茶叶，他也考虑过要不要去马连道。但后来经过深思熟虑，他认为对自家的茶叶来说，只有一个出口不够，渠道为王，所以还是决定先打好商场基础，建立渠道，等基础牢固了，再正式进军马连道，大展身手。

那时，周绍斌天天背着茶叶、坐着公交车，满北京城跑业务，基本上北京所有线路的公交车他都坐过。当时和平门茶店门口是14路公交车站，这趟车从和平门开往角门，周绍斌是常客。上了公交车，周绍斌喜欢站在司机的旁边，以便更好地观察北京。因为当时的他，不仅希望能通过这路车找到更多的客户、开拓更大的市场，还希望能更快、更好地融入这块即将扎根的土地。

懂"战术"的业务员

1993年，忙着跑业务的周绍斌还是个小伙子，虽然站柜台的经历让他不再青涩，但在外人看来他还是一个小孩子。

业务如何开展呢？周绍斌有自己的想法。来到一个陌生的柜台，周绍斌尽量克服自己的紧张，尝试着开口与卖茶人套近乎："姐，你这儿卖的花茶香吗，我可以闻一下吗？"一般的人虽然觉得看周绍斌的样子应该不会买茶，但看到这样一个态度诚恳、说话礼貌的小伙子，也会满足他的请求。这样周绍斌就有机会了解这个柜台售卖的茶的品质和价位。当然，因为当时还是茶叶供不应求的阶段，是"卖方市场"，碰钉子是必然会遇到的情况。但是周绍斌也明白，做业务不可能每一单都成功，但只有尝试了才有可能成功，所以被拒绝了也不气馁，一家一家慢慢试。就这样他坐着公交车跑遍了整个北京城，周绍斌家茶叶的销售渠道越来越广了。

这期间周绍斌站柜台练就的包茶叶绝活派上了大用场。因为当时很多商场的人并不会包茶叶，周绍斌就耐心地手把手教，丝毫不觉得麻烦，因此很多售货员都愿意与周绍斌打交道。

周绍斌总结，那时年轻的自己能谈成这么多的生意，"战术"很重要。先去商场摸清情况，事先做功课，了解他们的产品，在于接触后为商家提供更优质、更实惠的产品。一般商家都不会拒绝这种互惠互利的合作。那个时候，很多客户对他的评价是"小孩子很实在，不爱说话。"曾经有一次，周绍斌请客户去吃饭，客户是北京人，从头至尾，周绍斌基本没怎么说话。但最后客户依然被他的质朴打动，并且很认可他家茶叶的质量，最终选择与他合作。

"做生意要以诚信为本。不要少人家一两茶叶，看的货是什么样，给的就是什么样的货。他卖得不好，我也不会催。就这样，我们跟商场的合作越来越好。"周绍斌表示，刚开始进京的茶商，如今还在商场的，估计就只有憩园一家了。

如今，周绍斌的主要工作已经转移到了管理上，但他依然觉得自己是一线业务员，从来没有离开战场。在他看来，做一名业务员很有成就感，不仅仅谈成了生意，还认识了很多朋友，当时认识的朋友现在很多依然还有联系。

致力打造"老字号"的掌舵人

朋友越来越多，生意越来越好。1998年，第一家命名为"憩园"的店开店迎客，位置就在陶然亭。后来，随着业务的不断丰富，周绍斌注册了"憩园"品牌，开启了商场、超市的"店中店"营销模式，并依靠"信誉好、渠道短、价格低"的优势，以独立品牌进军市场。目前，憩园茶依然挺立在北京500多家商场、超市，设立了60余家专卖店，"憩园"成了北京人一个耳熟能详的牌子。从市井巷陌，到商超会所；从普通花茶，到高档龙井、大红袍，憩园提供全品类茶叶，满足所有消费者的需求。

成绩得来不易。明白其中艰辛的周绍斌，心中要打造的"憩园"品牌是冲着"老字号"去的。所以每一步都走得小心翼翼，在质量、服务上愈加严格。

"随着社会的不断进步，消费者对于食品安全越来越关注。茶也是食品，憩园对此严抓不懈。通过严格把控质量，将质量信息透明化，敢亮身份，致力为消费者提供放心茶。"周绍斌说。

除了自家的茶厂，随着需求量的不断增加，憩园在全国各地建立了多个合作的生产基地。憩园对每一批次的原料都会进行质量控制，从产品源头进行监管。除必须取得生产许可证等合法证件外，还要求生产厂家具有远离污染、空气清新、水质洁净、有地理优势等利于优质茶叶生长的环境。公司有明确、严苛的产品标准，要求生产单位按照标准生产，并不定期实地查看。

此外，憩园还要求建立原料追溯档案记录，如采摘时间、加工时间、设备情况、采用加工技术记录等，做好源头控制；对农药残留、有害金属残留、有害微生物残留、非茶异物以及粉尘严格把控，并根据茶树对营养物质的需求科学施肥、平衡营养。

对于加工生产环节的监管，公司对具有相关资质的厂家的产品进行比较，对批次产品提前进行全面检测，合格后方可进货。而在供货前，生产厂家需提供该批茶叶的检测报告。与此同时，大库做好验收记录，对产品的批号、资质、数量进行核对，再由检验室进行感官审评，并做好检验记录。

"每次用料前，检验室还要再次进行质量的核对检测，保证正确性。生产车间主任根据批号、检验室的复检报告单进行领料，并填写领料记录。"据相关负责人介绍，憩园茶在生产过程中严格把控原料质量的一致性，同一批次的原料只能在同一地点加工成同一规格、同一品种的产品。同时原料不得混放，以防止出现串味、异味的现象。

行业发展的领跑者

一个人可以走得快，但一群人才能走得远。2013年，憩园茶马连道体验店正式开业。"来到马连道，是希望跟茶人们抱团在一起，密切与行业的联系，以期待更长足的发展。"周绍斌介绍。

进军马连道是周绍斌很久之前就列入发展计划中的事情，毕竟北京几乎每一个茶人都与马连道有着千丝万缕的联系。不过，在他心里，倾注了他大量心血的"憩园"品牌已经有了很不错的品牌形象，如果要入驻马连道，就要开个像样的店，所以一直都在准备中。

"我这个人就是这样，我的员工都知道，只要我说了，就肯定会兑现落实。"周绍斌告诉记者："其实从一开始我就为入驻马连道积极准备，力求憩园在马连道有一个精彩的亮相。"

为此，周绍斌开始积极奔走。经过长时间的观察选址以及精心设计装修，憩园茶马连道体验店一经亮相，不仅惊艳了马连道，还震惊了整个北京茶圈。憩园所倡导的"上善生活 静享茶乐"的理念也得到了众多同业的认可。

周绍斌介绍，别看憩园茶体验店如今显得既有设计美感又有文化内涵，但它的前身真的太破旧了，房子很老，砖混结构，大家肯定无法想象。所以，当时这个地方一般人都不敢接的。为了打造自己心目中的憩园，周绍斌还是决定排除万难来做。周绍斌租下来体验店之后，给房子做了框架，这其实比推倒重建更耗精力和时间，但为了最终有一个完美的效果，他当时是竭尽所能。当投入了1 200万，耗时两年的憩园茶体验店最终出现在周绍斌面前时，他内心的满足无法言喻。

周绍斌告诉记者，憩园茶体验店不仅承载着他对憩园品牌的期待，也承载着他对马连道未来发展的信心。他愿意花这么多的心思做憩园茶体验店，并选址在马连道，是因为他看重马连道在茶行业发展中的重要作用，不仅存在于过去、现在，更存在于未来。

未来，憩园茶体验店将见证并伴随着马连道的转型升级，与中国茶行业一起，走向更美好的明天。

长风破浪会有时，直挂云帆济沧海。有鸿鹄之志者，离成功不远也。

作运明

一切都是最好的安排。

茶起茶落塑人生
归去来兮还初梦

记北京林鸿茂茶叶有限公司林坛助、林晶晶

◆ 冯斯正

　　判断一个人事业是否成功，应该以什么标准作为参照？不少人认为高薪就是成功，希望用努力换来最大的回报慰劳自己，惠及家人，这是人之常情。而当你怀抱着更崇高的理想，目光放得更加长远，那么成功的意义就绝不仅限于物质。

　　林鸿茂家的林氏父女，就是愿意把灯举得更高、照得更广的人。

1789～1994年：生，与茶为伍志远方

　　要说林鸿茂，就一定要追溯到清代乾隆年间，这是一个创立于1789年的福建制茶家族。林氏祖先创建"林氏茶坊"，发起、设立福安商帮，依托水运开展贸易。1851年，林氏先人创制的"林氏红茶"及现在的"坦洋工夫"，一炮而红，成为第一批到达西欧港口的木箱红茶。同期，林家将"林氏茶坊"扩建为"鸿昌茂茶行"，也就是今天林鸿茂的前身。

　　1948年，鸿昌茂茶行传到林坛助的父亲手中，但因时局动荡，他的父亲决定把店租给当地的茶叶供销收购站，举家30多人迁至福安白莲山，专心种植茶树。直至1982年，林家收回店铺，鸿昌茂重新开张，这时的当家人是林坛助。

　　林家有兄弟5人，因为生活环境清苦，家人决定只供小儿子读书，林坛助和其他兄弟相继走向社会。

林氏五兄弟都是在家乡白莲山茶屏坵的茶园里长大的。年少时，林坛助便开始采茶、制茶，更是焙火的一把好手，一个人看管七八个笼都没有问题。这也为后来的制茶人生打下了坚实的基础。

林晶晶——林坛助的小茶花，就是在绿意环绕、生机盎然的白莲山上成长起来的。福建产茉莉花茶，所以白色的茶花和翠绿的茶叶，是林晶晶每天接触最多的东西。她童年最多的记忆，就是随着去采花的大人们一起去茉莉花园。穿梭在白色花海中，林晶晶做着一个又一个纯真的梦。采完花当晚就要和着茶坯窨制花茶，小晶晶就坐在一旁，看着制茶工在茶房里忙来忙去。

1994年，和许多希望拓宽茉莉花茶销路的闽茶商一样，林坛助和妻子带着自家的茉莉花茶来到北方花茶市场的中心——北京。从福安到北京，在大巴上三天三夜的颠簸，让夫妻俩预感到北上之路似乎会有些坎坷。当时的临时居所则是在通州租的一间小地下室。住进去的第一天，林坛助蹲在门口，望着唯一带有家乡味道的几大包茶叶和辛苦陪伴自己的妻子，他当即下决心，一定要为鸿昌茂的茶叶找到一条出路。林坛助接下来的推销之路并不顺利。他拿着自家的茶挨个敲响北京老字号茶庄的门，但是由于大部分茶庄都有自己稳定的供货商，所以这些茶庄的门并没有打开。后来经福建同行推荐，林坛助来到马连道，尽管当时没有成型的街店，满眼是静趴在地上的老铁轨，但看着周围熙熙攘攘的茶摊和来自全国各地的茶商，林坛助预感在这里会有大作为。于是，他很快就在马连道扎下营房。

有了销售点，小两口为了多囤些茶叶，就把家从地下室搬进了附近的学校宿舍。从通州到马连道，成了他们每天走得最多的路。

1995～2010年：立，事业生根节节高

1995年，因为茶叶物美价廉，林坛助的生意渐渐稳定下来。在北京稳住脚的林坛助看准了北方人对茉莉花茶的喜爱和认可，开始向天津拓展销路。而正是在天津，林坛助赚到了事业上的第一桶金。

在没有朋友引荐的情况下，林坛助在天津采用了广撒网式的拓销方式，凡是觉得有希望的店铺都送上了茶样儿。当时也有朋友相劝，送出去这么多打了水漂，成本太高，而他则坚持认为，收获前注定要先付出，做生意要怀着诚意去赚钱。

有句俗话说：鸟儿不经意间撒下的种子，生了根、发了芽。林坛助回忆起这事业的第一战，满心感慨："没想到有几份茶样最后竟兜兜转转到了一个天津大港油田的商人手里，他特别喜欢我家的茉莉花茶，于是就联系上了我。"

这位商人下了30万的订单，林坛助虽然心里高兴，但是对方提议货到后先付一半货钱，另一半在接下来的一个月内付清。这样的条件通常情况下没人会愿意，但是面对难得的机会，林坛助决定赌一把试试。于是，他向朋友租下一辆面包车，放上包装好的茉莉花茶，开到天津送货。

"那时候交通还不如现在发达，等我开到目的地天都晚了。客户还挺热情，验了货很满意，然后招呼我一起吃饭。后来他说，因为我迟到了所以要罚我几杯酒，其实他本来也是开玩笑的，没想到我端起酒杯来一连干了三杯。说实话那是我第一次喝酒，而且喝的还是白酒，脑子一下就晕了，后来饭是怎么吃的都不记得了。"

就这样，林坛助稀里糊涂地度过了那晚，酒后的很多事都不记得了，只记得第二天睁眼，自己睡在租来的车里，一转脸看见车座底下塞着一个大口袋，当时还觉得莫名其妙，结果一打开，里面那15万元的现金把自己吓了一跳，这才反应过来，竟忘记管人家要货钱！总之，钱到手了一半，林坛助载着钱回到北京，按他自己的话说，这次经历真是又幸福又糊涂。

那位天津客户看林坛助当时醉得一塌糊涂，心中很是挂念，待他回京后致电问候，还怪他不能喝酒却还喝得这么干脆。林坛助回答得倒也爽快："我的确是迟到了，该罚！只不过我也不知道自己能不能喝，想着喝下去试试运气，万一酒量还行呢，没想到出丑了！"话音刚落，两人都大笑起来。这番话从心里打动了客户，两人不但成了朋友，也延续了业务合作。

实诚的性格和过硬的产品，帮林坛助稳固了天津的业务，也开始了资金的积累，为接下来鸿昌茂拓展业务和产品线提供了支持。1995年后，京马、京鼎隆等茶城陆续出现在马连道。经营场地的扩建让林坛助敏锐地预感到，接下来随着越来越多茶商的入驻，马连道茶叶集散中心的定位将日渐明晰，各家"独专"（即每家店铺基本是某类茶特定的直营店）的局面将转变为百花齐放。

意识到这一点，林坛助在1997年注册了一个新品牌——林鸿茂，保留了"鸿昌茂"中的两个字，寓意既不忘对百年老号的传承，又要做出新时代林家茶的风采。2000年初，林鸿茂在保留茉莉花茶的基础上，加紧了多品类茶叶的研发：2003年首创普洱小饼，后成立云南鸿昌茂茶叶有限公司，实现了普洱小饼批量生产，但终因一些原因将工厂转让；2007年自主研发"茉莉一枝春"，获得第二届"凯捷杯"银奖，后改名为"一枝香"推向市场；2009年，改进正山小种，去除烟熏味，研发出"极品小种红茶"，接连获金奖；同年改进白茶传统制作工艺，用福鼎优质白茶茶青压制"泊远"白茶大饼；2010年，改进广东凤凰单丛制作工艺，创制"野树单丛"。

林坛助说："感谢这15年，林鸿茂成长得比较顺利。"女儿林晶晶2000年也从福安来到北京读初中，一家人住在店里，店前做生意，店后用来住宿，日子虽然简单却也开心和睦。

中国茶 马连道30年·30人·30事

品牌篇

2011～2016年：争，拼力怒放终沉淀

"林鸿茂是林家事业的品牌，晶晶是林家全家的骄傲！"提到自己的女儿，林坛助嘴角上扬，说不尽的喜爱和认可溢满脸庞，"2010年后，电商开始兴起来，提醒我抓住机会尝试开网店的，就是晶晶。"

对商场的敏感和对热点的把握，林晶晶从林坛助的基因中得到了继承。茶属于小众类目，2011年，趁着茶叶电商未成气候，林晶晶赶到新疆达坂城考察，选定雪菊作为吸引普通消费者的切入口，在新疆和田等地建立雪菊采购种植基地，成为首批入驻天猫雪菊版块的商家，并在同年做到了该品类的销售前三甲。

雪菊的成功试水让林氏父女充满信心，2012年8月，林鸿茂入驻天猫商城，第一次以品牌形象出现在消费者面前。后来，还陆续上线了京东一号店、微信服务号等新兴应用平台。电商经营完全由林晶晶运作。

林晶晶算得上是早期从事电商的茶人，起初整个团队遇到很多挑战，也吃了不少亏。功夫不负有心人。2012～2013年8月，林鸿茂通过电商平台卖出茶叶六七百万元；经历了动荡期平稳过渡后，第二个财年销售了1 800多万元，令马连道不少同行咋舌。

然而，成绩的背后总伴随着付出，林晶晶不仅投入了巨大的心力和精力，为了事业还做出了学业上的让步：在大学三年级时她决定离开中央财经大学，为林家的茶事业添砖加瓦，开辟新的电商渠道，走品牌化之路。

"其实我骨子里还是有点叛逆的，可能这一点让我做事更果断，想到什么就立刻着手，不怕牺牲。"林晶晶这样评价自己。运作品牌天猫平台的经历让林晶晶意识到，未来是线上线下融合的世界，让产品端口和消费端口紧密连接是趋势，于是她又组建了一支电商团队，一边帮助企业搭建电子商城平台，一边进一步学习如何高效运营，并思考如何快速聚拢客户。

很快，上天给了林晶晶一个学以致用的机会，并创立了一个属于她自己的品牌。

2013年，林坛助去广州参加茶博会，发现茶服是当届的亮点，他回来后把这件事告诉女儿，并且一起探讨茶服是否可能成为下一个发力点。

"晶晶是一个很有想法的孩子，她也很愿意听取我的建议，我能感觉到，听到'茶服'二字，她的眼睛一下子亮了。我就知道这个主意触动她了，果不其然，当年她就开始做一些茶服品牌的代理，在马连道第三区开了实体店。"

随着对茶服的认识越来越深，林晶晶发现这种承载着人文之美、天然具备文化属性的产品，大有文章可做。眼下，自己谙熟电商之道，又有一支实战经验丰富的电商队伍，为何不将二者结合，做一家属于自己的线上茶服品牌呢？于是，林晶晶果断创立了自己的茶服品牌。品牌名称叫小茶服，念起来不造作、容易记，又开门见山地道出了产品类别，非常讨巧。

行动力超强的林晶晶，在2015年下半年集结了若干合伙人和一些服装设计师，亲力亲为参与选料和服装打版设计，并且当模特为产品拍片。2016年，小茶服开始了第一批产品的线上预售。在这一年间，小茶服积累粉丝60多万、线下代理80多家。林晶晶本人更是得到巨额资本的青睐，在25岁的年纪，一路势如破竹地冲到了很多人终生也不曾有幸企及的高度。然而，小茶服在2016年初启幕如风似火，2016年末落幕烟花散落。林晶晶说，她败给了自己的年少轻狂。但每一次的经历都是有意义的，它让我们理解了一些书本上未曾告诉我们的，属于这个时代的道理。

从天猫运营、组建电商团队，到运作小茶服，林晶晶回望那几年，非常感慨：拼命想证明自己的能力，努力地往前奔跑，办公室是拓展事业版图的战场，家是炫耀战绩的汇报会。成绩越做越大，目标越定越高，离家却越来越远。放下小茶服后，林晶晶突然发现，原来自己已经好久没有像一个女儿那样和爸妈聊天，像一个姐姐那样关心过弟弟。

2017年至今：归，梦引归乡圆初心

"不过，还是要感谢这段经历，让我发现亲人的重要，而且我今天反倒更愿意沉下心来，能踏踏实实做事的感觉，特别好。"

"那告别了小茶服，你现在找到新方向了吗？"

"嗯，现在大部分时间和我爸待在福建茶山，回归茶的本质来看待一些问题，产生新的见解。"

2012年，林坛助回了一趟老家福安白莲山。据他讲，这座山最高海拔700多米，自20世纪80年代以来一直是荒山。山下原来有生产队的茶园，现在也早就无人问津。那一次回去，他还发现老家的年轻人越来越少，几乎全部出去打工了，留下的都是老人和孩子。林坛助喟叹良久。

"当时看到那场景，说不清是心疼那些荒凉的茶园，还是心疼这些留守的乡亲，心里头五味杂陈的，怎么就都没人管了呢？然后我就想，不行，既然我爱茶，爱我的老家，那一定要为老家做点什么！"

后来，林坛助承包白莲山上2 000多亩土地建为茶园，并注册了"白莲山"商标，一方面开发家乡资源，另一方面为老幼乡亲谋生计。在经营林鸿茂电商平台期间，林坛助感觉到，既然这种不见实物全凭信用的购物方式未来会成为主流，那么消费者对商家的食品安全卫生要求一定会愈加严格。所以，在承包前他刻意检测了该地的水土质量，一切合乎标准后，才放心种植茶树、建厂。

当时林坛助把这个事情和亲朋好友说了，但是并没有得到支持，因为这样一个大工程，前期要投入大量资金，而且短期内难见回报。的确，为方便管理，林坛助必须先要投入数十万元修一条能够直达山上的路，而这才是开始。不过林晶晶倒是觉得这事在情理之中，在她看来，父亲的一生注定要和茶连在一起。

"我虽然出生在茶叶世家，但其实一直游离在茶之外，也没有真正认识过茶，直到2017年，茶山上建好了厂子，我爸叫我一起回去看看。"林晶晶看到了以前的老宅子、爷爷那会儿的老账本、那些从小就认识的乡亲以及陪伴自己成长的白莲山，这些真实的存在勾起件件往事，一幕幕跳转到眼前。沿着父亲出资修建的路慢慢驶向山顶，她开始在心里默默梳理略有些零散无序的情感脉络。当站到茶园最高处，览尽家乡的湖泊村落，林晶晶似乎找到了这股情感的源头。接下来的几天，随着对这片土地的感受加深，她渐渐理解了父亲对茶、对老家的坚持。

　　2018年春季，林氏父女又一起返乡参与春茶采制。在收购站里，很多茶农背着大筐的茶青，喜笑颜开地排队等着领当日的工钱。林晶晶望着他们，第一次发现原来小小的茶叶牵系着这么多人的命运，它远比看起来要重要、要深刻。当晚，父女俩展开了有生以来最久的一次谈心，也是第一次共同合计着执行一个项目：把白莲山的茶叶做起来，让白莲山的人可以靠茶过上美好的生活。让好茶走进千家万户。

　　当年那个带着家乡茶叶外出闯荡的小伙子，人到中年时又回到原点，回到那个当初点亮自己茶叶梦的地方；那个曾经懵懂的小姑娘，经历了事业上的潮起潮落和兜兜转转，终于静下心来听到了一直在身边回响的召唤。

　　林坛助喜欢待在茶山上，因为自己讷言，所以和植物打交道最合适。他用心去感受茶，用手去触摸茶的叶脉。现在，陪自己在夏夜的茶山上仰望星空的，又多了女儿林晶晶。

　　小小一片茶叶，就像一叶小舟，跨越了亘古岁月，载着爱它的人闯出一番天地，又引领他反哺孕育自己的摇篮，还不忘教导他的后代如何掌舵，酝酿未来再一次的扬帆起航。

　　始终坚持"诚信为本，仁义经商，先做人，后做生意"的经营理念。立足市场，弘扬古光州茶文化；心系茶农，振兴大别山茶产业。曾自勉："老刘年逾七十春，还领光州众茶民。虽晓前方荆棘路，不做佳茗枉做人。"

刘祥国

有道无术，术尚可求；

有术无道，止于术。

刘磊

父子赋茗篇
大写茶与义

记河南信阳光州茶业有限公司刘祥国、刘磊

◆ 冯斯正

　　刘祥国，他为名茶信阳毛尖创下了多个"第一"：第一个将散装信阳毛尖引入京、津、沪、鲁、冀的数十家老字号茶叶公司；第一个加工茉莉信阳毛尖茶，在马连道独家经营；第一个把信阳毛尖小批量引入国际市场；第一个成立覆盖鄂、豫、皖三省九区县的信阳市光州茶业专业合作社，切实助推信阳毛尖和信阳市茶业的发展。他说，自己和信阳毛尖的命运已经绑在一起了。若干年后，儿子刘磊也加入其中，接过父亲的茶之薪火，继续跑下去。

化压力为动力　扛起全场的大旗

　　1968～1972年，刘祥国是河南信阳潢川县桃林公社吴集青平队的知青，1972～1980年底在平顶山市山高煤矿工作。这段生活培养了他吃苦耐劳、越挫越勇的品质。1981年至2007年退休，刘祥国在国营潢川县凌集茶场工作。凌集茶场，是刘祥国的茶魂生根发芽的地方。

　　1990年，由于茶叶滞销，场里成立潢川县中山门茶叶门市部，老刘临危受命，负责抓销售。做销售总要先找市场。一位老朋友建议刘祥国到北京挖掘一下商机，于是他带着茶场里产制的信阳毛尖，来到北京。

　　在朋友推荐下，刘祥国的第一站选定了崇文门菜市场茶叶销售部，那时在茉莉花茶盛行的北京，推销绿茶可不容易，但产品过硬的品质，为老刘打开了在京销售的第一道门。紧接着，元长厚、张一元、庆林春、吴裕泰等一批北京老字号茶叶店，老刘都跑了个遍，同时，在天津、河北和山东也做了推广。开拓市场的第一年，总销售额算下来不到8万元。

　　这个数字虽难称满意，但给了刘祥国动力和信心，他认定，信阳毛尖大有市场。第二年，他又带着产品走进上海，和几家老字号茶庄做生意，同时北京的市场也没有放松。在刘祥国的持久努力下，信阳毛尖逐一打开了京、津、冀、鲁、沪地区的市场。

　　1996年，考虑到方便给京、津、冀供货，老刘琢磨着应该在马连道开一家茶叶店，给信阳毛尖一个落脚点。1997年5月1日，刘祥国在当年马连道的信益祥茶叶副食批发市场里租了一块面积约20平方米的商铺，这是信阳毛尖在马连道建立的第一家直销处。

　　经刘祥国回忆，后因信益祥综合市场经营不善，店址两次搬迁。2000年初，刘祥国找到了现在"祥国茶庄"的店址，一直做到现在。

审时度势转思路　做质优价廉百姓茶

当时，茉莉花茶作为北方茶叶市场的主角，为大多数北京人所喜爱，刚到北京的信阳毛尖还难成气候，到1999年底，年总销售额还不到100万元。刘祥国说，当时一直肩负着凌集茶场自产茶叶的销售任务，始终是以销售信阳毛尖为主，没有做适应北京人饮茶需求的茉莉花茶。2003年后，为了拓宽信阳夏、秋茶的销路，刘祥国开始试制茉莉信阳毛尖。用信阳毛尖为茶坯做的茉莉花茶滋味独特，得到了一部分"老北京"青睐，茶叶销量逐年稳步上升。

让茶农富裕是刘祥国的一个愿望，让百姓喝到物美价廉的茶是他的另一个心愿，这也是老刘力争推动信阳毛尖茶生产机械化的原因之一：通过机械化，提高茶叶生产自动化程度、降低制作成本、加大产品洁净度，尤其是他带领技术工人所研发的全电控恒温加工工艺制作的信阳毛尖品质上乘。老刘说："这样的茶买着实惠，喝着放心。"

刘祥国从开始销售信阳毛尖那一刻至今，始终坚持可持续性经营策略——茶好、价低、平民化，他说这样才能拓宽茶叶的市场。

为了帮助消费者鉴别信阳毛尖的品质，刘祥国将信阳毛尖的科普知识做成宣传页，站在店门口免费发给来往于马连道的消费者，普及信阳毛尖知识。"我对信阳毛尖要负责，对信阳毛尖的消费者也要负责。所以我不能跟风，我从来都是做老百姓喝得起的良心茶。一来是引导大家有一个正确的消费观，二来也是希望让信阳毛尖能够在相对清净的环境下，好好地传承下去。"

欧美苛刻的"绿色壁垒"一直是大部分中国茶企难攻的高墙，但刘祥国的光州茶叶却早已进入欧洲和美国。刘祥国的茶叶价格是"平民化"定位，质量却是"国际化"标准。刘祥国"走低"走得有原则，"看高"看得有态度。

为亲情选择转行　为责任学会承担

刘祥国的儿子刘磊2004年毕业于石家庄铁道学院，他坦言筹划未来时并没有想过要走父亲做茶的老路，毕业后分别做过网络编辑、场景设计，还在工地做过项目，都是和茶叶没有关系的职业。茶是刘祥国的事业，这份对茶的热爱刘磊看在眼里，但刘祥国年事越来越高的事实也让刘磊不得不正视一个问题：光州茶业未来不能无人接手。

2007年，父亲的接力棒递到了儿子手中——刘磊辞去手头的工作，正式踏上习茶之路。

2007年到2009年，这3年是刘磊最难忘的，成长和突破让他从缺乏专业知识的门外汉变为有信心扛起这份事业的继承者。刘磊回忆，最初刚到祥国茶庄时，因为对茶叶知之甚少，也不懂推销技巧，其他店员忙起来也顾不上教他，所以他经常是默默待在一旁。不过刘磊不会真的让自己闲在那儿，而是在一旁仔细观察其他人是如何做的，一来二去渐渐熟悉了如何接待客户，如何把握客户需求、帮助客户了解自己产品的特点、优点以及如何让客户认可。

学习茶叶，刘磊有天然的优势——父亲刘祥国和一些老字号茶庄。刘祥国本就是做茶的行家里手，而且光州茶叶是北方市场不少茶庄的供货商，在刘磊的诚心拜托下，他获得了到这些茶庄的审评室学习专业茶叶审评的机会。

"那些老师很热心也很有耐心，倾囊相授。和父亲在一起的耳濡目染，还有专业老师的指导，让我成长得很快。2009年，我独立完成了一笔数目不小的订单。我当时还是挺高兴的，这件事就好像标志着经过这3年的学习，我终于出师了。"

有了这次成绩，再望着"祥国茶庄"这四个字，刘磊觉得，未来接过这块牌匾，有了底气。

之后，刘磊继续保持学习的劲头，身处马连道这个茶叶大熔炉，每天观察到多样化的产品、接触到形形色色的茶人、接收到丰富广杂的信息，浓厚的茶味深深润泽着他。每到春茶季，刘磊就到生产第一线，最初学习种植、采摘、制作等基础环节，实操经验和技能水准得到磨炼。现在，刘磊已经成为可以接替刘祥国为产品审核把关的总舵手。从2009年到2015年，刘磊相继取得初中级评茶员、高级评茶员、评茶师、高级评茶师和精制加工高级技师资格，2015年更是拿到评茶员比赛第一名。

不改变的茶主题 要升级的硬功夫

刘磊是2007年正式扎根马连道的，追忆起10年前的光景，他说毫不夸张，无论是集体采购还是个人买茶，逢年过节早晚人流不息，十分热闹。"街道上的很多人我都认识，马连道在很多茶商心中，一直是北方茶叶市场的中心，大家对马连道都有感情，对茶叶也有感情，愿意在这里把茶业当做事业，真正做出点什么。"刘磊表示，随着时间的推移，街道在转变，街上的人也在发生转变，但是无论指向何方，大家都希望可以把茶引向一个更光明的未来。

刘磊说，接触过的很多消费者都提到过，虽然市场丰富了茶产品，但随着同质化的产品越来越多，消费者产生了茶叶体验上的困惑：当一个茶叶知识为零的消费者面对多种同款产品时，如何区分口感？如何判断价格？如何鉴别品质？

"想要提升技术、提升品质，首先商家本人要加强对茶叶的了解，至少要明白自家茶叶和市场上同款茶叶的相同处和不同处，明确茶叶的定价标准，真诚、积极地引导顾客理性挑选，从而提升消费者对品牌的信任。"刘磊一直强调，作为销售人员，不仅要会营销，还要懂产品和技术，用自己的专业性打动客户、推动销售、拓宽渠道，最终和消费者形成良性循环互动，延长品牌的寿命。

父传子做茶之事　子承父为人之魂

来来往往的南北茶商，形形色色的茶叶品种，在这样大的商业环境中，祥国茶庄渐渐形成自己的一套生意观：纵使商场起起伏伏，市场风向变化莫测，但是诚信地做老百姓的茶叶，是绝不会更改的镇店铁律。

刘磊说："其实在现在各行各业出现的市场乱象背后，最根本的原因就是诚信的缺失。马连道是茶叶街，茶是干净的东西，所以卖茶的生意也应该是干干净净的，店家和消费者的关系更应该是透明的、良性的。诚信经营，本身就是马连道的精神内核！"

刘磊一再强调的〝诚信为本〞，既来自自己的体悟，也得益于父亲刘祥国的言传身教。〝我和我爸平时的交流不多，可能父亲都是这样，直接说给你听的很少，他们都是做出来给你看的。〞

刘祥国卖茶有个15字箴言：诚信为本，仁义经商，先做人后做生意。

2002年，山东有一家老字号茶庄与刘祥国首次合作，购进一批信阳毛尖，到了年底发现还有4件茶叶没销完。绿茶自然是当年的好喝，隔年的绿茶基本就等于滞销。虽然那位茶庄客商愿意如数结清货款，但是没想到刘祥国却主动提出将剩下的4件货全部收回，等来年换同等级新茶。刘祥国的人品让客商感动，二人的友谊和业务一直延续至今。

散装的成茶在运输过程中很容易被压碎，一般情况下由经销商通过提高价格进行弥补。但刘祥国却把这些损失自己扛过来，他在提供规定茶叶量的同时，每箱还多放半斤茶叶以弥补茶商的碎茶损失。这项本非责任范围内的开销，每年要消耗茶叶400多千克，费用达10多万元。这一点刘祥国一直坚持了十多年。

事实证明，刘祥国的经营方针是奏效的，现在企业年销售额已突破800万元。其中绝大部分都来自长期合作的老企业。〝宁可拉棍要饭，绝不坑蒙拐骗！〞这句口头禅，从他卖茶叶的第一天，就一直挂在嘴边。

河南信阳潢川县的茶人都知道一首关于刘祥国的打油诗：〝老刘年逾七十春，还领光州众茶民。虽晓前方荆棘路，不做佳茗枉为人。〞

行业上的成绩为刘磊带来更高的荣誉，2017年刘磊被选为信阳市潢川县青年委员会委员和信阳市人大代表，还被录入信阳市拔尖人才库。

茶叶带给刘氏父子一份事业，生机蓬勃；更带给他们无限的荣光，不会褪色。

不忘初心牢记使命，

将满堂香茶品牌做大做强！

高尚人

用心做好茶，

质量第一、

服务至上！

赵香玲

先锋辟路人高尚
开拓引航"满堂香"

记北京久福满堂香茶叶有限公司高尚人、赵秀玲

◆ 冯斯正

　　满堂香的茉莉花茶是很多北京人的记忆。记得还是用茶纸包茶的岁月，红色的品牌标志印在仿旧色纸上，解开草绳，层层展开纸包，茶未入口，先沉醉在茉莉花的芬芳中。

　　来自福建省福州市建新镇的高氏家族是最早一个把福州茉莉花茶带给北京市民的家族，他们是满堂香的书写者，也是马连道茶叶街的开路人。

京城寻路人

满堂香的故事要从开创人高信坚说起。

如今早已是农工商一体、产供销一套的茶业集团——赫赫有名的满堂香，其前身是 20 世纪 80 年代初福建省福州市建新镇的一个镇办小茶厂。在党的十一届三中全会后，因实行厂长责任制，高信坚承包了这个茶厂的一个独立车间，走上了茶之路，并在 1981 ~ 1985 年就有了年销售额破百万的业绩。

然而，阴霾很快袭来。1986 年在郑州举办的全国糖烟酒茶订货会上，高信坚被"皮包公司"骗走茶叶贷款 140 万元，欠国家银行贷款 50 万元。这笔钱数即使现在提起也让人心头一紧，对当时的高家而言更是极大的压力。好在全家人很快振作起来，一方面去陕西开辟新市场；另一方面配合公、检、法机关到河南、山东进行司法诉讼、追讨债务。

这次重大损失让高信坚仔细梳理了背后的原因——缺乏经营经验。痛定思痛后，高信坚又果断做了一个决定：放弃追讨骗款。巨大的经济压力已成为事实，而追款产生的各种开销也是一大笔，即便收回了骗款也得不偿失。与其执着损失之痛，不如放下，去寻找新市场。于是，高信坚的目光盯向了北京。

1988 年，高信坚先和妻子打前站来到北京，费了一番周折才在广安门菜市场对面的一家综合商店租下了柜台。第二年，他带着大儿子高尚人、二儿子高晨生和大儿媳赵秀玲一起来京经营，靠着两节柜台、一辆小三轮车，穿行于大街小巷，送茶叶小样。

忆起那段白天出门推销茶叶、晚上一家人挤在没暖气的小旅馆里的岁月，高尚人万千感慨。最终，高家人凭着吃苦耐劳和茶叶的质优价廉，把产品送进了牛街和南横街的各个茶叶店。"这三年虽然辛苦，但还清了贷款，还在广安门内大街租下一个 90 平方米的独立门店，'满堂香'这个品牌创立了。挂上牌匾的那天，全家人特别高兴，当时心想着可以把更多好茶带到北京，但谁都没料到满堂香日后竟能有这样大的成长。真的要感谢北京这座城市！"

拿下了小门店，满堂香下一步就向大型商场进发。20世纪90年代初，西单购物中心、王府井百货大楼、燕莎商场等，都是最早一批享有进货自主权的大型综合商场，要想把货物供应到这样的场所，难度可想而知。高信坚和两个儿子先选定西单购物中心，经过十几次的反复介绍和茶汤审评，才获得入驻商场的许可。随后，他们相继打开其他百货商场的进货口。由此，满堂香渐渐形成以大型商场、超市为主体的零售网络，扩大了铺货渠道。

确立新模式

据高尚人回忆，北京人对茶叶的品质非常重视，不但要好喝，还格外关注茶的安全。让他印象最深的，是曾接待了一位北京顾客，原本兴致勃勃地为客人介绍一番茶叶的"形、色、香、味"，结果反被顾客"这茶叶是否经过质量检测？有无绿色健康标签？种植茶树的土壤中有无有害物质超标……"一串问题搞得瞠目结舌。"一个消费者反问我这个商家，我竟然说不出一句话，你知道那滋味吗？"

当晚，高尚人失眠了，他躺在床上一直想着白天发生的事。做出来的成茶好看、好喝、好闻固然重要，但是只满足这些远远不够，核心竞争力应该是这些茶叶背后强大的安全保障体系。这让高尚人回想起，高家最初被骗就是因为只顾抓生产而忽略市场，结果任由别人牵着走，吃了大亏。这几年，北京市场对茶叶质量的要求也在逐步提高，如果现在不及时按市场要求调整茶叶品质，未来还是会输掉。

第二天，高尚人召集全家人开了一次会议，讲出了自己的想法，最后经过商议，大家一致决定：满堂香的经营模式要走产销一条龙、产品标准化、高质量之路，同时为企业今后做大做强召集人才。

在把握好已经建立起来的零售和批发市场的前提下，满堂香开始筹建"三个基地"：第一个基地是满堂香在福建省建立的自主原料基地，这个生产基地拥有自主产权的良种生态示范茶园3000多亩，公司带农户绿色茶园1万多亩，并建有多个粗精制茶叶生产车间，年生产能力茶坯1500吨；第二个基地是陆续建立的包括福建福州、广西横县和海南三亚在内的茉莉鲜花种植和加工基地，定点加工花茶，让绿茶和茉莉花两种原料的拼配不受时间限制，确保产品质优价廉；第三个基地是以北京为原点辐射整个北方的销售网络。

"这三大基地的建设，为满堂香在未来实现茶叶产业化、满足供销一体化打下基础，也为我们降本提质、保证茶叶绿色安全提供了保障。"

高尚人坦言，刚来到北京的那几年，对自己、对满堂香的发展都有很深的影响。起初只是抱着试试看的心态到这里卖茶叶，对自己的定位也就是一个想赚钱的茶农，仅此而已；但来到北京后，在一次次与这座城市消费观的碰撞中，高尚人渐渐意识到卖出的茶不应仅为可以喝的叶子，其背后要承载更多的内涵，而自己也在理念的步步深化中朝着企业家的方向成长着。

茶街先导情

20 世纪 90 年代初，广内大街因为城市建设需要拓宽马路，路旁店铺需要迁走；而随着店员的增加，满堂香刚好也在筹划开一个面积更大的新店。或许冥冥之中自有天意，在他们店旁边张贴的一纸广告上，印着马连道 10 号北京商业储运公司马连道分公司有门面房出租。接下来的故事就是每一位老"马连道人"都知道的：满堂香于 1991 年，在本地企业和散户群集的早期马连道茶街落脚，成为这里经营茶叶的第一家外地公司。也正是在满堂香的示范作用下，南方各省的茶叶厂商纷纷在此驻扎生根。

熟悉马连道的人都说，满堂香对于这条街道有着开拓性的意义；尤其是对马连道"茶叶一条街"的定位和地位，有着烙印般不可磨灭的奠基作用。而这背后，高尚人说，要归功于满堂香曾迈出的具有战略决策性的重要一步。

随着满堂香基地原料供给和高效生产能力的提升，在北京立住脚后便扫遍各大零售市场，广撒网式地开通渠道。为了进一步提高满堂香品牌影响力，1998 年，在高家的极力推动下，满堂香在马连道开启首个专业茶叶批发市场——京马茶城，以一匹飞奔的骏马作为标志。茶城先后共招进 60 多家厂商，后来因为家乐福超市的入驻改迁到马路对面，但这并不影响它运作理念的有效带动作用，很快又有几座茶城在街道相继出现；而马连道"京城茶叶第一街"的称号，不知何时就在茶商口中传开了。

茶商认识了这条街，但是北京的老百姓对它似乎还有些陌生。

高尚人的太太、满堂香的总经理赵秀玲回忆道："这条街需要吸引同行带来多样化的好茶，也需要吸引消费者来体验茶、感受茶文化。那么如何让消费者知道北京有个'茶叶第一街'就在马连道呢？"赵秀玲思来想去，认为比起漫无目的地发传单盼着消费者自动上门，不如直接把他们请过来，而这意味着一笔不小的开销。"这件事，于满堂香、于京马茶城、于马连道整条街，都是大有益处的。我们做生意一直秉承共赢的目标，只有满堂香赚钱不是最终目的，要整条街都获利才是可持久的良性经营。所以高家一致认为，这钱要花，花得值！"

于是赵秀玲找到一家旅游公司，设计出一条北京品茶专线"绿色健康马连道行"，请专业团队录制一条茶文化宣传片，同时和北京很多居民区达成项目合作，每天派出大巴车免费到小区接居民去马连道体验茶文化：大家先分批在满堂香店内品茶、看茶叶宣传片，随后可以参观包括京马茶城在内的任何一家街道上的店铺。居民离开街道时，几乎都拎着大包小袋，互相聊的也是和茶叶相关的话。这种"家家可品茶、店店可参观"的盛况，持续了一年。

为了巩固加强满堂香的品牌宣传，在大家族的支持下，赵秀玲还找到了北京电视台的体育彩票开奖栏目，做了长达3年的栏目赞助。"这两项活动确实很有成效，那几年来到满堂香的人很多，来到马连道的人也很多，'京城茶叶第一街'终于不再只从同行嘴里说出来，北京的消费者也认识了它。"

在赵秀玲精心策划和组织下的这两项活动，为满堂香和马连道带来了业绩上实实在在的提升，也让自己收获了惊喜。以茶为媒引领首都市民的绿色生活，让市政府记住了满堂香、记住了马连道，也记住了赵秀玲。2007年，"首都文明之星"的荣誉落到了她的头上；更为惊喜的是，活动组委会还悄悄把她的母亲接到北京，在母亲节当天带着母女二人游览北京的著名景点。

"那天游览时，我靠在母亲的肩上，北京街道上的景色一幕幕从眼前滑过，心里就感觉特别感慨。说实话，最初来到这儿的时候，对北京这座城市并没有寄托什么情感，就是简单地觉得这是一个赚钱的地方。但是后来随着和我公公、我先生一起做茶，通过茶这个媒介去和这座城市接触，我对这里的感觉慢慢变了，我觉得北京就是我的第二故乡。"赵秀玲说，满堂香的成长，连同自己的成长，是和茶、和马连道杂糅在一起的，而让它们尽情生长、不断产生体会的，是北京。

"茶、马连道、北京，满堂香不会离开它们，我也不会。"

仁者商之道

在采访中，高尚人和赵秀玲反复讲到的一个词，就是"合作共赢"。起初建立京马茶城，把多家茶商召集到一起，就是希望在展示各家优势的同时发挥聚合的力量，互补式经营，形成百花齐放的效果。

而这些入驻的商户，在他们看来就如亲人一般，都是自己的兄弟姐妹。如果知道了谁家经营有困难，高尚人和赵秀玲会主动提出帮忙，针对该商户所经营的产品类型，挑选合适的产品，列入满堂香的产品源中，当然，产品事先必须要经过满堂香产品测评的严格审查。

赵秀玲说："大家都有遇到生意不如意的时候，在有能力的情况下帮一把，这是人性的美德；但是帮的方法有很多，与其借钱不如帮他们开出一条新路，因为有的人可能不会经商，但卖的茶都是好茶。凡是可以放进满堂香的产品，质量上首先必须过硬，我们不能优劣掺在一起销售，这是商德。"

曾有一次北京夏季下暴雨，由于京马茶城门口的下水道堵塞不畅，瞬间茶城内的水位就没过了膝盖。赵秀玲当即断掉了茶城的电闸，带着茶城管理小队蹚水挨家挨户询问情况，及时止损。"商户信任我们，愿意来到京马茶城，那我们就必须要把工作做好，让大家放心。我们高老爷子（高信坚）常说'好人、好货、好服务'三原则，这是必须要坚持的。"

"伙伴式"经营之路，是满堂香别具一格，同时也非常值得称道的一点。高尚人对此解释为，不向加盟者收取加盟费，只要认可满堂香的企业理念和经营思路，遵守满堂香的有关规定，就可以成为企业的经营伙伴。"我们也曾想过连锁经营、特许经营的传统做法，虽然这样做也不错，但是容易出现偏差，直营店和加盟店容易出现'亲疏有别'的问题，这对品牌的形象和业务拓展会产生负面影响。所以，后来我们决定不收'进场费'，保持每位加盟者的自由度，这样更容易激发出独立经营的能力，大家也来去自由。茶叶还是很有灵性的，这可能也需要每位经营者独特的个性去带动，如果都是一个套路，那也就体现不出茶叶经营的魅力和味道了。"

　　常说销售是一门学问，在赵秀玲看来，它不但是学问，还是一门需要商家拿出诚意钻研的学问。她说，在公公高信坚看来，销售的一个高级境界应该是"货叫人"，产品吸引回头客，回头客拉来新客户，人气儿越滚越旺，这就需要做到人无我有、人有我新、不断开拓、永不止步。满堂香曾在 1995 年至 1996 年推出了透明塑料礼品盒，率先开发出特色礼品茶，将福建的银针白毫、金丝银钩、牡丹绣球、出水芙蓉等特种花茶推上高档礼品茶市场，让消费者直观地看到产品的外形。这一创新火透了北京城，各大商场争相进货。

　　福建省原省委书记项南曾在一次北京人民大会堂召开的订货会上，为满堂香题下了"满堂香 香满堂 北京城里茶中王"的题词。满堂香的成功，建立在一个坚固的堡垒上，而组成堡垒的，是当机立断的果敢和发现商机的敏锐，是精准抓住核心竞争力的思考力和预见感，是敢创新、会创新的执行力，更是精诚团结、协作共赢的睿智和开阔。

　　"四海同赏一轮月，五洲共品满堂香"是满堂香的广告语，也终将成为现实。

朝着自己不变的梦想进发；

持着自己永恒的毅力努力；

追逐着自己永不变的事业奋斗。

匠心塑瓷具之魂
仁心造品行之魄

记北京春茂祥茶业有限公司总经理徐茂财

◆ 冯斯正

　　任何一个关于闯荡的故事，都始于一颗想见一见外面世界的好奇心；而要把冒险走完、走好，还需要坚韧的耐心、不畏困难的信心、精耕细作的专心和恒久不变的爱心。

　　本篇故事的主角涂茂财的家乡在产茶大省安徽，他家房子背后恰有一座茶山，蓊蓊郁郁的绿色和自然纯净的清香，伴随他度过儿时的春夏秋冬。从童年开始，茶以质朴温润精塑了他的心灵，也注定与他结下了一生的缘分。

1998年：广州

外向的性格和猎奇的心性，让徐茂财在年纪尚小时就开始不停地猜想，自己这个小环境之外的大世界是什么样的。1998年，中学毕业后他说服了父母，只身来到广州，投奔一位欲在当地做茶具生意的安庆同乡人。

说来也巧，徐茂财的这位同姓老乡徐结根，正是后来在茶界颇有名气的广州市恒福茶业有限公司的创始人。今天的恒福茶业是一家集茶具、茶叶、茶食品以及相关茶产品研发、生产与销售为一体的综合型企业，在1998年创建伊始时，主要是以经营茶具和普洱茶为主。早年在恒福的工作经历，奠定了徐茂财日后事业的基调和方向。

1998年，改革开放20年后的广州聚集了数以万计的外资工厂，广州地铁一号线主线开始通车，解放大桥和番禺大桥正式通车，街头巷尾都是当年轰动一时的电影《泰坦尼克号》……走下大巴车的徐茂财抱着自己的小背包，看着眼前的广州，期待和不安混在一起，不知道走出身后的青山绿水，能否适应这片正在兴建的城市森林。虽然只要转身就能回到那方熟悉亲切的温柔故里，但他更希望在这个全新的世界里做出一番事业。

既然决心要闯一闯，那就要多学、多问、多做事。徐茂财自打入行，就严格奉行这三点，因此很得老板赏识，委其以开拓市场的重任，并经常带着他四处出差、学习交流。

2004年：北京

做事严谨大胆，为人仁善宽厚，徐茂财不仅和同事相交甚好，身边的客户也都成为日后的朋友。2004年，深得公司信任的徐茂财来到北京，肩负起公司进军北方市场的探路重任与扎根任务。

离开广州来到北京，徐茂财心怀感念。在广州的6年，一个十几岁的青涩孩子成长为可以独当一面的管理者，一个从翠绿田园走出的质朴少年变成在城市喧嚣中努力的奋斗青年，一个不谙世事的懵懂儿郎蜕变成有自己一套处世之道的践行者。

"这和工作养成的做事风格密不可分，老板是军人出身，严以律己，也严格要求员工。公司刚成立时，都是年轻人，哪有什么工作经验，好多事情都是第一次接触。老板就告诉我们，凡事不要怕，大胆往前走，做错事没关系，不要回头继续往前走，只要求自己做到尽力。"

徐茂财表示，这种开放的鼓励性的工作氛围，让自己逐渐形成敢闯敢试、不怕吃苦受挫的行事风格，也正是凭着这股劲儿，独挑大梁的徐茂财顶着很大的压力和责任，让公司的北京分部在马连道扎下根，加速了北方市场的业务拓展。

"虽然辛苦，但是实地考察走访是结识客户、了解客户需求、帮助工作开展的最好方式，这和打电话了解的效果永远是不同的。"很快，徐茂财就又建立起一拨新客户，因为对他的信任，甚至有人在不看货的前提下，就向徐茂财订购产品。

正因为徐茂财的为人和品性，早年工作时他结下不少善缘，也包括喜缘。徐茂财的妻子是与他一起在恒福工作的福建姑娘，当年就是看中了徐茂财的踏实耐劳、为人真诚，而徐茂财也很欣赏对方的细心体贴，在2006年二人喜结连理。

徐茂财反复讲到"先做人后做事"这句话。"我觉得，做人的态度一定要正，人对了，他背后的世界就对了，做出的事儿自然也错不了。"他这样要求自己，也正是这样做的。

一种品性收获一种命运。在恒福工作的这10年，徐茂财一直在收获一笔无形的财富——朋友圈。这是一个因为认可徐茂财而形成的圈子，并在日后徐茂财事业的关键时刻产生了重要的作用。

2009年：创业

如果就这样工作下去，故事可能就趋于平淡了，因为后面的剧情我们都能猜出个大概。结婚当年夫妻俩有了孩子，这就为故事铺垫了转折。

孩子的降生让徐茂财喜出望外。有一天，怀里抱着熟睡的小家伙，徐茂财禁不住畅想起未来三口之家其乐融融的场景。可想着想着，徐茂财意识到一个问题，这样的憧憬是要靠自己打拼出来，可不是靠幻想。瞬间，徐茂财感觉怀中的孩子仿佛变得沉重了，他代表的不仅是一个需要被呵护养育的生命，更意味着对家庭的责任和作为一个男人对妻儿的承诺。随着家庭生活的开启，一个想法渐渐萌生出来：创造一份属于自己的事业。

2009年，徐茂财夫妇谢绝了公司的多次挽留，决定走出来创业。创业前期，摆在徐茂财面前有3大问题：做什么？在哪儿做？启动资金在哪儿？

选址这件事让徐茂财纠结了很久，理想的销售市场肯定是北（京）、上（海）、广（州），但是这3个城市都有老东家的门店和客户，正是思虑到这份旧情，同时还想避开导流老客户之嫌，徐茂财最初愿意放弃自己最为熟悉也认为最为合适的北京，转而考虑石家庄，想在这里将品牌孕育成功后，再把店开回北京。可实地考察了石家庄市场，徐茂财觉得并不理想，但若回到北京，他心里又总觉得迈不过那道人情坎。就这样，经历了一晚的前思后想、彻夜未眠，他最终说服了自己：既然要做事，就要为了公司的最优发展做决策。于是天刚微亮，徐茂财当即买了返回北京的火车票。

"作为一个优秀的员工，当你离开一个可以支持你想法的母体后独立出来单干，其实是很难适应的；尤其是资金上的不足，是极其痛苦的；如果这个人又是像我这样有什么事都不愿开口求助于别人的家伙，就难上加难。"

但是办法总比困难多，前期工作准备好后，徐茂财最终决定把店还开在"老根据地"马连道上。在马连道开店，徐茂财自有一番道理：这里是北方茶叶集散中心，各类产品相对齐全，而专业做茶具的店非常之少，这样很容易做出特色。因为和天福茶缘茶城的何志荣、虞小莉夫妇关系甚近，而且刚好有一间合适的店铺空出来，于是2009年9月29日，金茂祥正式开业。

2012：金茂祥

"取名'金茂祥'，'金'是因为我相信是金子总会发光，'茂'是取自我名字，'祥'是希望把这个品牌做成老字号，一个专门经营瓷类茶具的老店。"徐茂财对公司名称做了解释。

今天的金茂祥产品定位清晰，可最初在"做什么"这一点上还是探索了一段时间。徐茂财回忆，刚开始经营时，都是从景德镇和茶区的朋友那里进货，以贩卖瓷类茶具为主同时兼顾销售茶叶。持续一段时间后徐茂财发现，尽管这些大通货销量还不错，但总感觉缺少一个关键的东西；产品绝非是东拼西凑出来的一堆器皿，必须成体系，有核心精神始终贯穿。思忖良久，他终于得出答案：缺少的是产品灵魂，而且需要自己创造。明确了目标，徐茂财决定亲自深入到景德镇，寻找金茂祥的灵感缪斯。

2012：青花瓷

景德镇素有"中国瓷都"之称，自古以来这里窑火不断，淬炼煅烧出各类精致秀美的瓷器，其中包括素雅纯净的青花瓷，玲珑剔透的玲珑瓷，韵味非凡的粉彩瓷，幽静雅致的青花影青瓷，古朴清丽的古彩瓷，千变万化的颜色釉瓷，明丽隽秀的窑彩瓷等。这些种类繁多、风格各异且魅力无限的中国传统工艺美术品，让景德镇成为中国文化宝库的一抹亮色。

金茂祥的货品都是景德镇出产的瓷类茶具和摆件，但徐茂财想，如果是做自己的产品，最好以其中一类为主，做深做精。通过对各类瓷器的学习和比对，他最终把目光落在青花瓷身上。青花瓷是景德镇瓷器中的"经典款"。

在马不停蹄地造访、考察当地的窑炉并向师傅请教学习制作的环节后，徐茂财就立刻着手搭建起自己的工作坊：一层做产品展示厅，二层供技师拉坯、利坯，三层留给画师施釉、画坯，四层则是最后一步烧窑。"我每个月都要往景德镇跑几次，产品基本就是四大名瓷都有涉及，以青花瓷为主，颜色釉瓷、玲珑瓷、粉彩瓷也都做。后来逐渐组成一个团队，自主设计茶具和摆件的器型和图案，打造金茂祥的产品灵魂。"

2012年，第一批产品问世，徐茂财以"春茂祥"为名给产品注册商标。随着产品种类越来越多，渐渐地店铺不足以完全陈列，于是2013年他将店迁入京华茶业大世界一个更大些的店内，直到今天。有很多客户因为喜爱产品慕名前来，互相推荐，金茂祥的名气就像湖中泛起的涟漪圈圈荡开，徐茂财的第三批客户群又层层垒起。

对于青花瓷器，徐茂财认为不能单纯地用产品来定义它了。其色调雅致，久不褪色，纹样清新明丽，釉面晶莹柔润，做出的器皿灵动自然，光芒内敛，因而千年流传，广受赞誉。仿佛每一件产品都有生命，随着接触好感就与日俱增，而越是喜爱，就越想再多了解。

所以为了保持产品的活力，他也在不断地多角度学习探索，从中汲取灵感。"我经常去博物馆或者艺术展参观，每到一个地方也都要去类似这样的文化馆转转，尤其是看里面陈列的器皿类老物件，总能从中找到产品的创意。我特别喜欢有质感的物品，能够流传下来的肯定都是经典，但是在创作时又不能完全仿古，经典可以传承，但不可复制，否则生命力就会日益衰退。"

2018：转型升级

一切都在变，所以跟上变化的脚步格外重要。"马连道的改革注定要实行，现在它是涉茶类货品的批发集散中心，但是未来一定会升级，强化文化体验、消费引导这方面的功能。马连道毕竟是'茶叶一条街'嘛！茶叶和其他产品还不同，它的文化属性很强，健康意义也很大，这些特性随着精神文明的发展会加倍得到消费者的认可；那么马连道如果可以成为一个茶文化的体验场所，放大茶叶特有的文化内涵，相信会让这条街大放异彩。"

对于亲手打造的金茂祥，徐茂财也有自己的想法。"中国虽然是瓷之国，但是不算专家和业内人，对瓷器有基本了解的普通消费者很少，如果我们自己人对自己的宝贝都说不清道不明，怎能传播出去呢？"

徐茂财计划着，在做好产品的前提下，下一步将逐步扩大门店的展示功能，不仅是产品展示，还会把公司在景德镇的工作坊小规模地复制到北京，给大家提供亲自体验瓷器制作的机会；同时从概念知识入手，将浅显易懂的陶瓷文化介绍给消费者，递进式地引导消费、推广文化。"不是它的创造者，至少要成为合格的推动者、宣传者。"

有一种人讷于言、敏于行，徐茂财就属于这类。和他聊起过往经历，从为别人打工到自己创业，中间经历了不少坎坷困难，一段段回忆翻江倒海般地涌入他的脑海，最后只是化作一句"的确很困难，但是我挺过去了。"一个憨厚的笑将自己在巨浪中奋勇拼搏的身姿掩住。

徐茂财说一路走来，尤其是创业阶段，特别感谢有朋友相助，闯过不少难关；而他身边的挚友说，帮助这位值得信任、敬重的朋友解决任何困难都在所不辞，因为自己也得到过徐茂财的帮助。

播下去的是花种，收获的必是芬芳。

流动，是江河唯一的出路。

勤靡余劳，心有常闲。

如常应无常。

跨国圆茶梦
文脉凝"紫藤"

记马来西亚紫藤文化企业集团创办人林福南

◆ 张蕾 李倩

在距中国几千公里之外的马来西亚（后文亦称"大马"），华商人口占到了全国人口的24.6%，紫藤文化企业集团茶艺总监萧慧娟说："对于海外华人来说，喝茶是文化和情感的寄托，对紫藤来说，做茶是文化事件。"

南洋风，中华根

　　马来西亚紫藤文化企业集团是马来西亚的一个文化符号，是马来西亚的文化地标。它诞生于1987年1月1日。在那个风起云涌的时代，一群青年学子带着热血，怀揣建设家乡的梦想，想要一展身手，紫藤文化企业集团的创办人林福南就是其中的佼佼者。"30年前，在南洋大马吉隆坡，'茶'开启了一群年轻学子的创业浪潮，同时，也掀起了大马20世纪80年代南洋茶文化的复兴。大家理念相投，因为茶、因为梦想聚到了一起。我们最初创业时有20多个人，平均年龄26岁，大部分人当时曾留学中国台湾，并被台湾当时的文化风潮深深吸引，特别是创办人林福南先生。在台湾大学读书时，林先生深受当年文艺思潮熏陶，学成归国后，每每回忆起台大旁的紫藤庐及东坡居，那里的空间抚慰了他的文化乡愁，触动了他的人文情怀。"萧慧娟回忆道，"这也是我们当初决定开一间茶馆的原因，在马来西亚，它不仅仅是茶馆，更是一个文化场所，一个空间。我们在茨厂街以邀友集资的方式创办了当代大马第一个人文茶艺空间——紫藤茶坊，每人出资1 000马币，众筹入股，从当年的20多位股东发展到如今350位股东，不变的是我们现在依旧保持着每人1股的传统。"

　　"紫藤"是中国传统文化中象征美好与理想的祥瑞之物，然而远在马来西亚的紫藤茶坊，也受到了来自遥远中国的祝福，发展势头良好。"紫藤茶坊的出现是马来西亚当时很重要的一个文化事件，受到了很多文化界人士、媒体朋友的支持与关注。"萧慧娟介绍，紫藤茶坊开业后，做的不是以前人们观念里茶馆的生意，年轻的创业者们大胆尝试，另辟蹊径。紫藤茶坊改变了过去藤箱保温壶、大茶壶泡、锅煲烹煮等"粗饮"方式，摈弃了在传统茶行买茶的消费形式，而是为客人提供了一个茶的消费空间，让人可以在饮茶的同时感受美、感受人文情怀的触动。第一家紫藤茶坊是一间200平方米的标准店铺，可是由于太受欢迎，第二年就迎来了扩店，在原店址的二层对店铺进行了扩建。不同的是，老店铺是动态的，可以走动的茶空间；新店则是静态的，提供书籍供客人阅读，让客人享受安静独处的时光。"在紫藤开业前，马来西亚没有一个提供给大家进行朋友聚会的茶馆，可以说紫藤也是开启了一个时代，马来西亚很多流行歌手都是在茶馆的氛围下培养的。"谈起紫藤曾经创造的辉煌，作为创始人之一的萧慧娟感触颇深。

创建后，林福南带领紫藤继续稳扎稳打，以茶文化为起点，走向了多元文化。之后，他们经常在紫藤举办文艺活动与讲座，承袭了林福南在台大求学时开启的精神追求——文化可以改变世界。

等待，相遇，再出发

虽然紫藤诞生在遥远的马来西亚，但因为茶，终归要与中国相遇。萧慧娟回忆，20世纪80年代末，中国大陆与马来西亚贸易往来的大门还未完全开启，直到1990年，才与马来西亚建立贸易关系，等待了很久的紫藤陆续在上海、昆明、广东等地批货进货，并参加各种研讨会，与茶人进行交流。

经过对中国市场的不断了解，紫藤开始进驻中国，第一家办事处就选在了首都北京的马连道，之后，在中国的第一家店也开在了马连道的北京国际茶城。谈及选址的原因，萧慧娟说："中国市场相当大，要在这里选择好紫藤的大本营，必须多方权衡。紫藤当时也考虑过在广州、上海、昆明等地开店，但多方对比后，首都显然有更特殊的政治、经济、文化优势，我们要踏出我们进军国际的关键第一步，鉴于这些考量，显然首都更适合作为大本营。而选在茶城而不是商场，是因为商场不是文化沃土，茶城相比商场，茶业信息量更为丰富，文化也更深厚。同时，马连道在全国来讲也是最具国际性、产品最丰富的茶城。"于是，2007年1月1日，北京国际茶城迎来了来自马来西亚的紫藤，十余年过去了，紫藤发展得很平顺，品牌逐渐在马连道扎根，并辐射整个中国市场。

做生意要追求长久，紫藤最擅长的是零售，直接对接消费者。紫藤作为马来西亚第一茶品牌，品质自不必说，在马来西亚的影响力也是有目共睹，但是来到中国这个茶的故乡，如何得到中国消费者的认可是要考虑的首要问题。紫藤强调一个词——落地。一般来讲，外企要到中国开疆拓土，都会派"自己人"来进行管理，但紫藤认为落地就要落得彻底，交给当地人更容易打进新市场。紫藤在马连道国际茶城店铺的负责人喻义群自2007年就开始在这里工作，11年来始终兢兢业业，不改初心，可以说与紫藤共进退，她说："茶对我有着独特的魅力，而紫藤和林先生给予了我与茶紧密接触的机会，在紫藤，我得到了成长，不仅有专业上的，也有个人成长方面的。而且我非常认可紫藤的经营理念和发展方向，这也是双方可以走得长远的根本。"

"紫藤的产品是以保护客人的胃出发，所以我们在选择产品时一定会考虑这点，这对茶庄、茶馆很重要。在紫藤，产品销售之前，我们一定会先试茶，口感好，身体也没有感到任何不适，我们才会销售。如果茶不到位，是一定不能上架的。"萧慧娟说。

20世纪80年代以前，中国茶在国外市场相当大比例的份额停留在海外华人圈子，甚至外国人大都认为茶只有一个颜色——茶色。在马来西亚也是如此，原来他们喝的茶只有茶色的，因为路途遥远、运输不便等原因，甚至连绿茶都是如此。但令人欣慰的是，随着茶叶在海外市场的普及、运输方式的升级，如今他们已经清楚中国茶叶分为四类：不发酵、半发酵、全发酵和后发酵。但这还远远不够。"我们在海外茶文化交流活动中慢慢发现，中国出口输出的茶及其文化，在文化价值的传播和实际需求方面存在偏差，这也是紫藤需要发力的方向。"

有设计，有态度

走进紫藤国际茶城一楼的店铺，很容易被其异国风情所吸引。店里的产品设计非常有马来西亚特色，设计师将时尚元素、时尚配色融入到南洋传统文化元素中，加之生动有趣的插画，让产品很有辨识度，夺人眼球的同时又让人记忆深刻。

林福南认为，相对于茶叶丰富的文化内涵，很多茶叶的包装定位不能让消费者一目了然。产品包装除了装饰作用，还有介绍和定位产品的作用，承载了比较重要的信息，但至今很多中国生产者都尚未在产品名称上对茶进行分类。马来西亚的市场不能代表整个国际市场，但茶产品留给海外消费者的困惑却大同小异。对于海外华人来说，喝茶是一种文化和情感的寄托，有华人的地方就不缺茶叶市场，但我们茶人真正需要思考的是，如何让海外的消费者接受中国茶叶，真正打入国际市场。

从最后呈现的作品就能感受到紫藤在产品的包装设计上下的功夫。看到紫藤的产品，我们能感受到设计师深入发掘文化内涵并希望通过文化创意产品开发弘扬优秀茶文化的拳拳匠心。一直以来，紫藤在立足于茶品的同时，努力向时尚圈、生活圈靠拢，力求走在时代的前沿，与时俱进；另一方面，坚持在设计中融入马来西亚的传统元素，同时结合中国民俗特色，生活气息和人情味十足，特色明显。对此，林福南曾解释道："20世纪20年代，在南洋谋生的中国知识分子强调客居海外的华裔必须努力适应居住环境，捕捉南洋地方特色，它表现在生活与文艺创作上就是创造出了有别于祖国的文化特色，既融合了东西方美学概念，又能将南洋地域多元民族文化的素材进行'本土化'。"他说着取出3种茶的包装，细致地讲道："凡是我们主打的有格调的产品，在设计上我们都会采用繁体字加英文，这样方便海外华人群体、中国港澳台等地区的茶人辨识。而对于一些比较时尚的产品，则选用简体字加英文的设计。"将工作做到细节，充分考虑消费者的需求，这是紫藤做茶的态度，亦是他们的企业精神。

打造生活文化品牌

紫藤的诞生是集众人之资、集众人之智、合众人之力、凝众人之愿、成众人之志。共享精神始终是紫藤的企业文化之魂。

紫藤始终以马来西亚华人的口味作为目标，中国的南方地区饮茶习惯与马来西亚较为相似，但因为进军北京，所以紫藤现在也会关注并兼顾中国北方市场。紫藤一直认为北京是一个好的起点，希望在北京有所作为。

在马来西亚，紫藤等同于茶。林福南介绍了紫藤发展的5个阶段：第一阶段即空间的经营，第二阶段是茶叶、茶器等产品的打造，第三阶段则以活动、课程为主，进行文化输出与文化传播，第四阶段专注于价值与品牌的打造，第五阶段则是跨界布局，从"茶"变为"茶+"，以茶为媒，打造一个茶的文化圈。

在整体布局下，餐厅是紫藤首先尝试的，"紫藤茶原"餐厅1997年开业后一直以杭州龙井、福建乌龙、云南普洱等中国茶叶为辅料，烹饪各式各样的美味保健佳肴。目前"紫藤茶原"已有几百道茶叶风味菜肴，成为马来西亚独具特色的饮食文化风景线。

此外，紫藤还进行商贸经营，运营文化活动，相继出版了若干茶的专业书籍，开办了全马来西亚首家规范正统的茶艺教育机构——紫藤茶艺学习中心，举办国际茶文化研讨会及茶文化节。近年来，在互联网大潮的洗礼下，创办了网藤，为紫藤及相关机构提供策划服务。目前紫藤在马来西亚已经开设了20余家门店，而这种跨界延伸服务，可以覆盖更大的群体。

紫藤人认为，文化的输送是有往有来的，而茶应该有自己的语言，它身处一个更大的领域，等待人们探索和挖掘。中国目前茶的普及度仍远远不足，不能影响到人们的生活层面。茶应更好地回归茶本身，而非停留在表面。"有时候，底蕴、文化，均可以显现在一杯茶中。"

林福南认为，文化创业是人类一种结合心智与实践的活动，在设定的文化场内，将文化资源生产力，经由一项或多项有效的过程或创新，使其生产力由低处往高处移动，从而为人类社会的文化发展作出有系统、有价值且持续的贡献。

生活是紫藤的本质，文化是紫藤的灵魂。紫藤的"文化味""生活味"远重于"商业味"。如今，随着新的北京市总体规划逐步实施，紫藤在中国的大本营——马连道地区，也在逐渐从茶行业的区域性要地向文化产业要地转变。马连道，在新的时代背景下，正在开启它的新使命、新征途，而来自遥远马来西亚的紫藤文化企业集团，也将随着马连道的转型升级，架起中国与马来西亚茶文化交流的桥梁。

中国茶马连道

CHINA TEA

30年·30人·30事

京城茶叶第一街

中国茶 马连道30年·30人
‖文化篇‖

　　文化是一个国家的软实力，茶文化是中国文化的重要组成部分。

　　他们是中国茶文化的传播者，他们是马连道文化精神的代表，他们凭借文化蕴涵的潜能，长期以来立足马连道，感召和影响一代又一代中国人爱上中国茶。

　　茶文化是中国茶叶第一街发展的灵魂。马连道在未来打造文化街区时，他们将以茶文化为载体勇挑重担。

新一届、新征程、新机遇、新跨越，众志成城，共同打
造中国一流行业商会！

我要做北京马连道的茶魂女。

高手劈荆棘
梅开满堂香

记北京茶业企业商会会长高晨生
北京满堂香茶文化发展有限公司董事长严梅

◆ 赵光辉   梁 妍

提到马连道这30年的发展史，离不开马连道上的"三香"。这其中的一香就是北京满堂香茶叶有限公司；

而要说到满堂香，就离不开个性鲜明、敢作敢为的茶界开拓者严梅和他的先生高晨生。

人生要尊严

"满堂香"是严梅的公公高信坚于1988年来北京后，于1989年正式注册成立的，最初在牛街租了一个小门面，十几平方米，前店后家，只能摆3个柜台。

满堂香的名字很容易让人联想到茉莉花茶的味道。1985年，高家开始在福州承包茶厂，将茉莉花茶卖往全国各地。不久就被当时泛滥的皮包公司骗了，亏空几百万，为自救，只能深入市场，直接推销给终端消费者。他们感觉北京市场很大，产品对口，又能辐射东北、华北，所以满堂香第一代掌门人高信坚来到北京。

此时，正被高信坚的二儿子高晨生追求的严梅还是一个十八九岁的姑娘。当时她在台资企业做报关工作，海外的追求者送来1万美元礼金希望与她恋爱结婚。这时负债累累的高信坚却上门提亲了。严梅想，嫁到海外做什么？不就是做家庭妇女、"少奶奶"吗？年纪大了还有什么竞争力？作为严复家族的后人，严梅从小经历的是经济上的贫困。她两岁时，因为家庭成分和贫穷，父母不得不离异。没有母亲的小严梅骨子里积蓄了她自己都未必明了的反叛与倔强。

　　一边是台企的稳定收入，甚至海外"少奶奶"生活的诱惑，一边是创业，而且是负债几百万的起步，严梅选择了后者。在家人关爱的惊呼声和邻居的嘲笑声中，严梅跟高晨生订婚了。如何理解她的这个人生选择？"我要属于我自己的有尊严的生活。"她的这句话或许是最准确的注解了。

　　1990年11月，严梅来到北京。先天过敏体质的严梅，除了不适应寒冷，还遭遇了严重的水土不服。整整3个月的水肿，严梅说那3个月是到北京30年中最痛苦的时候，都想回家了！"但我选择的就是不归路，怎么可能回家！"3个月坚持下来，反而一马平川了。严梅说可能"咔嚓"一下愣给改过来了，现在觉得北京最舒服。

　　真正的考验来自全新的茶行业。一切从站柜台开始。看高家兄弟跑业务，柜台站了没几个月，严梅就跟他们一样打个茶叶样品包，开始跑业务了。那时候对北京两眼一抹黑，就坐公交车"扫马路"，然后一家一家商店去推销。

　　当时北京商场一层最好的位置都是卖食品的，茶叶也在里面。第一次人家同意进一箱，严梅高兴得要死，没有汽车，就骑自行车送货。就这样干到1992年，满堂香迎来了爆发式大发展。严梅说，其实就是我们摸索出了一个运营模式，叫"引厂进店"。这是跑百货商场中摸索出的经验，从商场承包，倒扣流水。用这样的模式，满堂香几乎把当时北京百货店的茶叶供货垄断了。满堂香给商场保底，还给专柜员工付工资和绩效提成，这样商场专柜负责人积极性也高了。引厂进店使满堂香销量迅速上升。第一桶金就这么挖了。

香飘快车道

满堂香的30年发展如果要划分阶段的话，1990年到1992年是摸索市场的阶段；1993年到1996年是推出"引店进场"的快速发展阶段，这是满堂香实现超越的转折点。

转眼到了1997年，高信坚老爷子要退休，兄弟三个分门立户，分成三支。此时的严梅对丈夫说，汽车什么的尽着他们先挑，我们要算大账、算远账，我要执照，我要满堂香的牌子。自此，满堂香的品牌资产实现了产权和管理上的明晰。严梅说：我拿到这个牌子之后，1997年8月就去商标局把商标注册了，北京市满堂香茶叶有限公司正式成立。

这对严梅来说，无异于第二次创业。严梅说，以前老爷子顶着，自己懵懵懂懂，如今自己当管理者，第一次觉得难。严梅开始学管理、财务，不断提升。就在此时，严梅怀孕了。一边挺着大肚子扛着妊娠反应，一边处理企业管理的事情，一边还要学电脑、学财务。严梅说，怀孕和生育的那个阶段正是企业最吃力的时候，也恰恰是自己提升、实现转型的关键期。由于产权明晰、管理落实到位，满堂香顺利实现了快速发展。

源远产业链

严梅的孩子还没有出生，丈夫高晨生就离开北京，回福建搞茶山茶园建设。从经济角度看，满堂香作为最初的渠道企业，现在要向上游延伸，成为一个覆盖全产业链的茶企。

严梅说，其实我们是先做市场，然后用做渠道赚到的钱，回去做茶山茶园，也是将市场的利润输送给茶山的茶农。因为在满堂香快速发展的阶段，严梅就发现了一个问题："我们没有源头产品，没有品质把控，就无法保护下游的市场，要不了多久品牌就会搞砸。"

1998年，高晨生带着资金回福建福州搞基地建设，严梅坚持在北京市场。经过几年的艰苦努力，基地源头建设才进入正轨。20年后的今天，茶园基地扩大到4 000多亩，并辐射带动周边的茶农和专业合作社，每年他们管控着8 500亩茶园和茶叶生产。满堂香的传统茶产业进入平稳运行期。

服务同行业——高晨生成立北京茶业商会

在基地建设走上正轨后，基于茶业行业的现状，高晨生有了行业整合抱团前行的想法，他将目光转向在京的同行。2008年1月12日，经过一年筹备，高晨生组织发起的北京福建茶业商会正式成立，高晨生任会长。

北京福建茶业商会成立后，高晨生会长带领秘书处从举办联谊活动、协助企业招聘、培训、联合办学、商务运作、金融服务等多个不同维度展开工作，现在来看有很多惊艳的创新之举。成立当年，茶业商会与北京吉利大学合作开设"中国茶文化班"，尝试和高校合作，为茶行业的销售企业培养人才。后来茶业商会陆续和其他高校合作，满足了行业内的需求。商会在马连道建立了"泡茶专用水水站"，为会员企业提供优质泡茶专用水，以增加商会的收入，迈出了率先尝试"以商养会"的第一步。接着又通过与中国邮政储蓄银行合作，成功为会员企业提供信用融资贷款服务，开创了茶业商会金融服务之路，也探索出了一条茶业行业小企业融资之路，并在今后的8年中影响了北京小微企业的金融服务格局。至今，商会推荐协助会员企业融资额度累计超过20亿元，在促进会员企业发展的同时，也确立了商会的金融服务体系。

北京福建茶业商会在茶文化活动方面也尝试创新，真正为行业发展做出努力。2011年，北京国际茶文化节期间，茶业商会承办首届马连道全国斗茶大赛，后来升格为全国性行业赛事，2017年更是开创性地和鸟巢合作，把斗茶大赛升级为"鸟巢茶王赛"和"斗茶文化节"；2013年，商会在北京饭店举办"白茶之夜"，助推白茶在北京市场迅速获得认知；商会还承办"闽茶中国行"北京站活动，让"闽茶"成功走进人民大会堂，在首都大放异彩；2016年，商会承接了北京农业嘉年华的茶业馆项目，将会员企业推向更大的平台；2018年，商会负责世界园艺博览会茶文化体验馆的招展服务工作，通过展示、体验、表演等各种方式从茶叶、茶具、茶文化、民俗、旅游、特产等多角度展示了产业特色，受到参观者好评。

商会还不忘积极发挥桥梁的沟通作用，助推《福建省人民政府关于提升现代茶产业发展水平的若干意见》等政策的出台，对福建乃至全国茶产业的发展都产生了深远影响。

2015年，北京福建茶业商会升级为北京茶业企业商会，高晨生带领商会进入新的发展阶段。2015年6月，商会知识产权纠纷人民调解委员会正式成立，至今已介入50多件行业知识产权纠纷事件，成功调解30件。为遭侵权企业挽回经济损失100多万元；还通过持续的法律宣传、普及，提高会员学法、懂法、守法、用法的能力。

几年来，在高晨生的带领下，北京茶业企业商会获得了长足发展。服务也向更广的领域拓展。他们在多年来的北京马连道斗茶大赛中增加了"暖心茶屋"公益项目，引导茶企业承担社会责任，贡献企业爱心，因此被授予北京市社会领域优秀党建活动品牌。高晨生说：我们商会以"建设中国一流行业商会"为目标，要努力提升马连道"中国茶叶第一街"的品牌影响力，为实现"中国茶，世界香"的美好愿景继续奋斗！

文创赢未来

上游基地建成，产销稳定，经营上六大茶类都有了，下一步的发展方向在哪里？

2007年，满堂香在创建马连道北京国际茶城大楼的时候，严梅决定拿出一整层由自己装修自己做。她要做什么？要做一个茶文化体验的模板。

严梅告诉记者，十年前很多人还不知道文化是啥，但我喜欢文化，现在又有这样的一个机会，所以我决定转型，可以说这引领了马连道后来的转型升级。现在首都功能的改变已经给马连道新的定位，十年前我就想茶的发展方向是什么，茶的路要怎么走。我想如果引进文化是不是茶的附加值就会提高，但是我也不知道具体怎么做，更没有现成的模板可以学。所以最初就是自己拍脑门。如此一来，满堂香这一层四五千平方米的商业空间先后经历了四次演变和装修。有很多人反对，说你装修要花多少钱？租出去又能赚多少钱？这一里一外你算算亏了多少钱？

但严梅顶住了压力。严梅说，我要按照自己选定的路走下去！

严梅说：亲历行业发展，到了这个时期，茶叶肯定不能再一斤一斤地卖了，我卖茶文化不行吗？虽然不知道怎么卖，但可以慢慢琢磨出来。这十年我错了4次，改了4次，每一次都很痛苦。比如说文化培训怎么做，茶艺表演怎么做，你怎么把客流吸引进来、留住，人家怎么能接受……

最初的定位是做1 000平方米茶叶展示加1 000平方米的活动场所，给茶界搞活动。严梅认为茶文化是要交流的，是要体验的。但装修完近两年基本都是闲置的，没人来。因为那时候马连道还是处于看谁的货走得快走得多，文化讲的是什么还没人明白；同时第一次设计装修最大的错误就是大而全，看似包罗万象，实则如仓库。第一次失败了，重头再来！

第二次改变为聚焦到茶上。搞起第一个国际品牌茶联盟，搭建一个平台，大家优势互补，抱团取暖。当时把配套全都清掉，全部做茶。把各省前三甲的企业都请来，他们把货放在这里，由满堂香管理、经营。推出每周一省，每月一茶，围绕品牌茶的长项，进行文化推广。这样一来，逐渐摸索到了文化产业与茶产业对接的办法。

到了2013年，严梅觉得仅有茶是不够的，就进行了第三次变革——多元文化。多元文化不是说茶的多元文化，而是指茶之外，比如传统文化、民族品牌等，有底蕴的、能跟茶匹配的都可以。以茶为一个原始点扩展开来。通过装修整改，成为一个茶叶品牌、民族品牌、创意品牌的文化展示体验空间，同时成为一个社交的桥梁和载体。

2015年，满堂香茶文化创意空间再次升级。严梅说："我觉得必须把一些更顶尖的民族品牌引进来，要用这些品牌来推动升级。这个时候我开始跨界，跟茶行业外的相关文化融合、呼应。杨丽萍的服饰文化作为一个品牌，代表着我的第四次改革，第三次变革时没有这些，只把其他的文化形式如书画、古琴、古筝、箜篌等通过跨界整合进来。"在这个平台上，大家一起推动中国传统文化的推广。这样的跨越完成了第四次改革。严梅说，空间的发展现在比较清晰了。到目前为止，平台经过四次改革，投入很大，还一分钱没挣到。但是我要算大账，从这里可以看到马连道和中国茶未来的方向。

"硬件盖得金碧辉煌不叫升级。用什么牌子吸引人来，这才叫升级。"严梅说，"意识到这一点，我就开始找能扛鼎的品牌。"

严梅对传统服饰有一种特殊的喜欢。到北京马连道的那一年，20岁的严梅是穿着旗袍来的。这是民族的气质，也觉得很美。严梅说，我不管外人怎么说，我坚持穿着旗袍在马连道带孩子溜达，有时候跑业务也穿旗袍。

小时候妈妈就在家绣花，虽然我还不到两岁她就离开了，然而严梅一直没有忘掉中国刺绣。为采购茶严梅经常到贵州黔东南黔西南苗寨，一次出差，她看到刺绣服饰，留下了深刻的印象。结缘了孔雀窝的杨丽燕老师，从而认识了杨丽萍老师。她说，我并不是崇拜明星或名人，而是单纯地喜欢刺绣文化和优秀的民族风，这个窗口也是为了展示中国最好的文化品牌。中国的刺绣服饰那么好，这也是文化，干吗不让大家知道！

严梅说：衣食住行中，刺绣属于服饰文化，也可以与茶文化结合，这样再慢慢拓展。还有，少数民族逢年过节盛装的银饰很美，但不适宜日常生活中使用；汉服很高大上，但不适合现代人穿用，只能用于表演。像这样穿不上，用不着，看不到的中国传统文化，以后的孩子谁记得它们？一些能够与生活结合的传统文化，需要有一个品牌来支撑，开发转化成高品质的实物。

回顾在马连道30年的事业发展，严梅说：我觉得最核心的不是硬件，也不是什么模式，而是我很感恩的团队。他们不离不弃跟在我身边，跟着我一起成长。这支团队是不可复制的。尤其是文化营销团队，他们不是单纯的商品销售团队，所以，这个团队是我最大的财富。现在马连道搞活动，包括指挥部工作站，都由我们公司配合服务。

"这个团队我打造了8年，我一直说我们是八年抗战的团队。十年前，我就把传统的茶产业团队剥离了，我要把新鲜的理念和人才引入公司，为重新组建团队，我不知花费了多少心血。我没有别人现成的经验可以借鉴，坚持自己的选择，这就是我的命运。"严梅说，做现在这个文化创意空间，虽然投入大、周期长，但我坚信这是马连道的未来和机遇，也是中国茶的发展趋势，为什么不拼一把？危机感告诉我传统走不远了！我们必须颠覆！或许是30年来我对马连道感情太深，等有一天我人没了，遗体全部捐献，骨灰全撒在马连道，所以我一直把自己叫作："马连道——茶女魂"！

多年来，在高晨生的带领下，北京茶业企业商会获得了长足发展。服务也向更广的领域拓展。他们在多年来的北京马连道斗茶大赛中，增加了"暖心茶屋"公益项目，引导茶企业承担社会责任，贡献企业爱心。因此被授予北京市社会领域优秀党建活动品牌。高晨生说：我们商会以"建设中国一流行业商会"为目标，要努力提升马连道"中国茶叶第一街"的品牌影响力，为实现"中国茶，世界香"的美好愿景继续奋斗！

植春秋报果 播雨榕增根

茶好人好植榕斋

记植榕斋主人陈楚平

◆ 李 倩

　　陈楚平，湖北天门人。1984年毕业于安徽农学院（现安徽农业大学）机械制茶专业，同年进入北京市茶叶加工厂审评室工作，负责茶叶的审评、验收、定价、拼配，指导生产、销售等工作，1991年下海经商，在北京一个17平方米的店铺里专营茉莉花茶，创造了年销售额200多万元的奇迹。30余年间，陈楚平的发展离不开马连道，同时，他也是马连道发展的见证者。2004年，植榕斋正式在马连道开门迎客。2018年，陈楚平与茶的缘分仍在继续……

　　从马连道路自北向南一路走过来，茶缘茶城映入眼帘，在茶缘茶城身后，一家叫植榕斋的店里总是宾朋满座。植榕斋主人陈楚平是马连道一条街的历史见证者。"30多年前，刚来到北京，我就被分配到这条街上的北京市茶叶加工厂工作，那么多年过去了，身边的人有的搬去了别处，有的干脆不做茶了，恐怕没有人比我在这里待的时间更长了。"陈楚平说。

学机械，却与茶绑定终身

　　讲起与茶的渊源，陈楚平打开了话匣子："因为家在农村，小时候常看到大人们在田间劳作，特别辛苦，所以一心想着长大后能学上农机，给他们减轻负担。"考大学填报志愿的时候，陈楚平填了5个和机械相关的专业，最后被当时的安徽农学院机械制茶专业录取，但当时希望专注机械专业学习的他并未意识到，茶，这个日常生活中最常见的饮品，今后会在他的生活中占据如此重要的分量。

　　计划经济年代，南方茶企是国家出口创汇的主力军。茶厂急需新的技术力量，特别是技术型人才。当时在茶叶教学领域，以安徽农学院和浙江农学院两所学校的师资力量最强。国家有关部委经过商讨，决定在一所农学院开办一个新的专业——机械制茶专业，以提高制茶的机械化水平，为茶行业培养机械制茶方面的人才。在陈椽教授的努力下，安徽农学院担此重任，自此，机械制茶专业也花落合肥的安徽农学院。1978年，安徽农学院招收了第一届机械制茶专业的学生，1980年，陈楚平从湖北以优异的成绩考入安徽农学院，成为机械制茶专业第三届学生中的一员。

陈楚平学习很用功，成绩很好，又是学生会干部。1984年大学毕业后被分配到了北京。"当时是本省招生本省分配，比如我是从湖北招来的，分配时也应该回到湖北。但后来不仅茶叶产区需要技术人才，销区同样也需要，正巧当时北京有5个用人名额，很幸运，我成为了其中之一。"

初来北京，初到马连道

来到北京后，陈楚平一下火车就到负责毕业生分配的地方报到。"那个地方在正义路，离火车站不远。第一次来到首都，非常兴奋，所以当时一路走着就过去了。"第二天，单位派车将陈楚平送到位于马连道的北京市茶叶加工厂（后改名为北京茶叶总公司），并被分配到审评室工作。本对机械感兴趣的陈楚平没想到自己竟然和茶就这样结下了不解之缘。审评、验收、定价、拼配、指导生产，这一系列工作陈楚平都经历过。

"当时的马连道就是仓库，路两边也没有什么楼，与公路并行的是两条排水沟。下雨天许多骑车的人都掉进去过。"陈楚平回忆起当时的马连道以及当时发生的趣事。"每天早晨，6点起床后跑步、拖地、扫楼道、擦扶手，再给办公室打热水，8点正式上班，生活过得很充实，也很踏实。"这一切让陈楚平很满足。

当时审评室的领导是老北京买卖行出身，做事非常严谨，有自己的一套规矩，即便是陈楚平这样的大学生，也要经过他的考验才能得到认可。陈楚平十分佩服这位师傅。陈楚平说："师傅非常看重两点，一是字要写得好，二是算盘要打得好。平时师傅总是不苟言笑，我总想着怎样可以和他熟络起来。当时师傅自己整理了一套北京市茶叶资料汇编，分为红、绿、花、乌龙、紧压五类，非常厚的一本笔记，我就帮师傅用复写纸誊抄这些资料。"陈楚平回忆起和师傅学习时的点点滴滴。

陈楚平对工作一丝不苟的态度让师傅慢慢注意到这个小伙子，但真正让师傅认识他，还是因为一次算盘比赛。"我小时候父亲就教我打算盘，所以我的算盘打得又快又好，但是同事们都不知道，所以比赛时露了一手，得了第一名。我是除了师傅外，我们单位算盘打得最好的人。"

　　师傅不用计算器，审评室的人也不敢用。陈楚平对师傅说："师傅，咱们比一次，我用计算器，您用算盘，要是我赢了，大家以后用计算器核账您也不能不同意。"陈楚平向师傅提出了挑战。30多个账单摆在两个人面前，目标是计算出茶叶的斤两。"师傅噼里啪啦打着算盘当真比计算器算得快，却敌不过计算器一个m键的累积计算功能。"陈楚平笑着说：这场比赛你赢了。自那以后，审评室的计算器再也不用闲置了，师傅也喜欢上这个年轻的大学生。

　　就这样，陈楚平在审评室站稳了脚跟，干活麻利且细致让他比别人的收获更多，当时茶叶审评、验收、定价、拼配、销售，这些工作他都做过。1990年，陈楚平被提拔为北京茶叶总公司销售科副科长。

17平方米店铺的销售奇迹

　　1991年，陈楚平辞职，选择下海经商。市场嗅觉敏锐的他，在南菜园附近盘下了一个茶叶店，专营茉莉花茶。不到半年时间，销售额就翻了好几番。销售高峰时，这个17平方米的小店竟租用了一个700多平方米的仓库。1997年，这个小茶店还创造了年销售额270万元的销售奇迹。

　　陈楚平将奇迹总结为"有心"二字。"我当时也没什么诀窍，无非是比别人勤快一点。我要求我的店员早开门晚关门，早开门是为了方便上班的人，所以我们7点开门营业；晚关门是为了让人知道这里有一家经营茶叶的店铺。我们当时在外面做了一个灯箱，虽然白天不起眼儿，但一到晚上，只有我们店的外面是亮着，一开始只挂了一个'茶'字，后来我发现这边有不少老外后，就在灯箱上加了一个'TEA'。"陈楚平笑着说。

　　光靠服务还不够，最核心的竞争力还是产品。"当时，我店里主营的一款20元一斤的茉莉花茶，品质特别好。和别的店相比，这款茶的品质不但高了不少，价格还便宜，加之我们周到的服务，所以客人自然很多。"据陈楚平介绍，每天店里7点一开门就有人排队卖茶，"当时大家上班都骑自行车，我的店正好在红绿灯路口，很多人都是等红灯时停下来上我这儿买点茶叶。有人要一两，有人要二两。200多万元的销售额，其实就是从这一两、二两中积累起来的。"当时，还有从通州专程来南菜园找陈楚平买茶的，他的顾客在全市的覆盖范围很广，直到现在，还有一直追随他的老顾客。

陈楚平的成功当然归功于他的专业水平，他曾踏遍贵州、云南、广西等地，只为寻一款他心目中的好茶。"我知道什么样的茶是好茶，我也知道什么样的价格是合适的，市场上缺的就是一款性价比高的好茶。我有渠道和资源，价格可以降下来，品质我又可以保障，自然生意做得不错。"陈楚平说。

见证马连道30年

计划经济时期，马连道因靠近广安门火车货运站而成为北京市重要的仓储货运区，相继建立了粮食、百货等大型仓库。1956年，北京茶叶加工厂落户马连道，成为本地区最早的企业，也成为马连道茶叶特色街形成的源头。从1984年初涉马连道到2018年，30余年间，陈楚平见证了马连道的发展与变迁。

1988年6月，原北京茶叶加工厂更名为北京茶叶总公司，成为马连道茶叶一条街的立市之源。1994年福建茶商进京，1997年马连道第一座茶城建成，1999年马连道茶街命名。在1988年到2018年这30年间，马连道因茶而生辉，发生了令人瞩目的巨变。从默默无闻到生意兴隆，从行业低谷到转危为安，马连道与茶叶的兴衰紧密联系在一起。现在，马连道已经成为名副其实的京城茶叶第一街。翻天覆地的变化包裹在30年的发展中，无数人如过客，来了又走了，但陈楚平选择坚守，以不变应万变。

2004年，陈楚平把植榕斋开到了马连道，茶的品类也从花茶转向了普洱茶。马帮进京后，普洱茶一下被炒到顶峰，虽然其中风波不断，但普洱热一直未消退，收藏普洱的人很多，所谓的老茶也很多，但真正懂的人却不多。陈楚平希望通过收集每一年的茶样，建立普洱样本库，方便茶友学习、比较、品鉴。以易武茶为例，植榕斋目前已经集齐了云南勐腊县易武镇27个寨子里生产的茶。陈楚平卖茶，也有自己的方法。别人卖茶，他卖"作者"。店里的每一款茶，他都知道是谁做的，制作人的经验如何，用了什么工艺。

"为什么说，专业人做专业事——其实，这已经不仅仅是一种贸易，我们的专业行为更多地已关联到了消费者的生活品质，这才是这种商业行为的意义所在。到现在，还有十几二十年前喝茉莉花茶的老客户在我这儿买茶，我不把它看作生意，而看成是一份沉甸甸的责任。这种被需要和被信任的感觉，给我带来一种莫大的快乐。"

陈楚平店里主营的大多是品质高、价格合理的私房茶，他笑言自己是推广不推销，传播不传销。陈楚平清楚自己的顾客是什么样的群体，他说今后会根据他们的需求做一些小型分享茶会，比如五个人分享一款年份久、品质高、价格略高的茶，分享会期间大家可以交流这款茶的感受，也可以聊点别的，这样的形式轻松活跃，也不会因为客人想要喝一款好茶，但因为超出自己预算而留下遗憾。

今后，随着北京这座城市的功能调整，马连道会淡化茶叶批发仓储属性，强调茶文化属性。植榕斋未来更倾向于做成茶的体验中心，陈楚平说："顾客的诉求其实很简单，就是喝口好茶。所以，把茶做好，客人会围着你转。现在店铺只是一种形式，或者说是一个客户体验中心。我们的仓库未来会建在一个租金便宜且比较稳定的区域，物流现在下单即可取件，也很方便。而且，我的客人大多数都在微信上，这样对方买茶、付款都变得很简单。"谈话间，就有客户给陈楚平转账买茶，似乎在陈楚平身上，卖茶从来就不是件难事。

30年，弹指一挥间，岁月在陈楚平的身上也烙下了痕迹，他笑称自己已经从当初那个青涩的小伙子到了如今的知天命之年。但茶，作为他生活的一大重心，多年来始终未曾偏离。如果说，30多年前他考入安徽农学院是这段故事的缘起的话，那么陈楚平与茶的缘分，还在继续。

茶，你是我的伴侣，有你我才快乐。因为有你生活才有滋味，因为你给我力量人生才有光明，因为你给我清凉身心才能安静。你的事我来做，你的路我来走，相伴终生！

谢美霞

大音铁观音
大美谢美霞

记北京唐密茶道文化交流中心主任谢美霞

◆ 安明霞　　聂景秀

谢美霞的命运与安溪铁观音的命运紧紧联系在一起。一个国家级贫困县在艰难之际，作为乡干部的她挺身而出，北上开拓铁观音市场，并创造了中国大地上"有茶的地方就有安溪铁观音"的神话。

北上拓市

　　安溪县是福建省东南部山区县，百万人口，20世纪曾是全国著名的国家级贫困县。1995年，30岁的谢美霞在安溪县一个乡里任团委书记。安溪是铁观音生产大县，大部分的铁观音要通过中国土产畜产进出口公司销到国外。由于出口市场变化，安溪铁观音滞销，全县上下非常着急，县委、县政府希望安溪铁观音在内销上有所突破，于是成立了安溪铁观音国内市场调研小组，到一些大城市了解安溪铁观音的市场情况，顺便看能否推销出去一些铁观音，此时的谢美霞被选入调研组。1995、1996两年，调研组到广州、上海、厦门、北京和东北三省、西北地区等深入了解铁观音市场情况，并与许多省份的茶叶公司进行合作洽谈。两年的外出调研中，调研组的工作卓有成效，广州、厦门、上海先后成立了安溪铁观音销售中心。在调研工作中，谢美霞泼辣的性格、强大的执行力给县里领导留下了深刻印象。

　　1997年1月，国家对外放开了茶叶自营出口权，安溪铁观音的出口迎来了大好时机，而且，县里经过了两年的对外开拓，主要拓展了南方市场，特别是以首都北京为中心的北方市场还没有建立营销中心，而且沟通解决铁观音出口的手续、原产地证明、商标等问题都需要有专人驻扎北京来解决，而谢美霞就成为全县干部中的合适人选。1997年正月初三，县里领导找到谢美霞，希望她能尽快北上开展工作。对县里的命令丝毫不敢懈怠的谢美霞正月十五还没过，坐了30多个小时的火车来到北京，在石景山区落脚并注册了公司，9月8日就在石景山区开出安溪铁观音北京销售中心的第一家店。

　　由于安溪县当时财政捉襟见肘，县里派谢美霞到北京开拓市场没有给她一分钱，只给了她价值10万元的茶叶，这10万元的茶叶通过铁路运输到了广安门货运站，恰好当时离广安门很近的马连道就成为运输物资的仓库，茶叶就放在马连道的租赁仓库里。谢美霞回忆说，那时的马连道，只有零星几家茶庄，大部分地方是土产日杂仓库，没有路灯，地面坑坑洼洼，运输的货车疾驰而过，到处尘土飞扬。由于仓库在马连道，再加上这条街有北京茶叶总公司，更有好几家茶庄已经聚集到马连道，她凭借两年茶叶市场调研的经验，意识到这里将是未来北京茶叶的集散地，于是就在1998年5月，安溪铁观音北京销售中心的第二家店在马连道正式开业，那时主要做批发，前店后仓库。

安溪铁观音在马连道设立销售中心后，以马连道为中心，到1999年，安溪铁观音北京营销中心在北京市的各大场馆共开设17家店，马连道营销中心成为重要的配送中心。从此，安溪铁观音开始在北京名声大噪。

谢美霞评价说，马连道茶叶一条街对安溪铁观音在全国市场的推广具有决定性的意义，是安溪铁观音市场发展的转折之地。

谢美霞在北京的两年里，左右开弓，她不仅创下了开办17家销售中心的神话，而且还从外经贸部争取到更多茶叶出口配额，向农业部争取到了茶树种植补贴，在国家商标局注册安溪铁观音商标，在钓鱼台国宾馆举办″′99钓鱼台国宾馆安溪铁观音茶王邀请赛″，铁观音成为人民大会堂、钓鱼台国宾馆、中南海的特供商品，还在开设铁观音销售柜台的多家商场长期组织安溪铁观音品鉴活动，对铁观音的宣传推广起到了巨大作用，使原来几十元一斤的铁观音卖到几百元一斤。当时，谢美霞就是铁观音的代名词，曾在相当长的一段时间里，北方茶界流传着″要喝茶，找美霞″的顺口溜。

谢美霞在北方市场的推广，让家乡茶农真正尝到了茶叶带给他们的甜头。1999年，安溪县共有100多人走进马连道卖茶，刚来时，他们大多互拼柜台，经过一两年发展，每家都租用了单独的柜台。2000年，进入马连道销售茶叶的安溪人又增加了200人。面对此状谢美霞向县政府建议：用3年时间走出去，让全国人民知道中国有个地方叫安溪，是铁观音的故乡；用3年时间把全世界茶商请进来，让大家知道安溪是山清水秀出好茶的地方。2000年3月，安溪县安排一名副县长筹建安溪茶都，谢美霞配合，仅用8个月的时间就完成了6万平方米的安溪茶都一期工程，并于12月开业，谢美霞承担了与各省市茶业界的沟通工作和茶都沙盘制作工作，并在北京展览馆举行了安溪茶都宣传推广。

知心大姐

谢美霞性格开朗，为人热情豁达，进驻茶叶一条街时间又早，于是拥有″知心大姐″的美誉。2000年后，马连道茶叶一条街快速发展，茶城接二连三地开业，茶商从全国各地一波一波地到来，流动人口已经达到2万多人，随着越来越多的外来人口涌入马连道，为方便茶叶一条街的管理，当时的宣武区广外街道办事处在2001年3月和11月分别成立了马连道流动人口管理协会和马连道流动人口计划生育协会，两个协会会长的重任都落在了谢美霞的肩上。当时负责分管这条街的广外街道办事处副主任赫存道说，选择美霞任会长，一是她是这条街上唯一一名在职行政干部；二是她在这条街上人员熟、有威望。事实证明，谢美霞在兼任两个会长后，既没有辜负广外街道办事处的厚望，也没有辜负广大茶商的希望。当时，流动人口的计生工作非常重要，为做好这项工作，她让每个茶城管委会指定一名计生管理员，负责统计本茶城流动人口生育情况，然后汇总给她，为区政府提供了翔实的数据。

2001年至2008年，谢美霞与街道办事处协调空置房，每逢寒暑假开办托管班，邀请大学生作教师，将茶商的孩子们统一组织起来学习，解决茶商的后顾之忧。茶商面临孩子上学难、住院生育难等问题，谢美霞主动出面，以两个协会的会长身份找宣武区政府协调解决。办理营业执照困难，马连道湾子路口由东向西汽车不能左拐而影响到大家的生意、夫妻闹矛盾谢美霞也积极出面协调。那时，茶叶一条街上的大部分茶商都认识谢美霞，每逢大家碰到生活上的困难，总是第一个想起"谢大姐"。

转型文化

谢美霞还是唐密茶道的传承人。

2007年11月，法国南方城市波尔多这个一直沉醉在葡萄酒香中的城市，市民的酒盏里突然吹来一阵"中国风"，中国人要来了，他们带来了中国茶。

中国茶！立刻成了酒城的头号新闻，传遍了每一条大街小巷。中国茶访问葡萄酒，这是一个多么浪漫、多么诗情、多么有意思的话题呀！市民在奔走相告中翘首以待，希望早日一窥中国茶的真容。22日，由数百位来自中国的文化学者和企业家组成的代表团来到了波尔多，立即在这个城市上空掀起一阵"中国茶旋风"——第二届中法地方政府合作高层论坛在葡萄酒和中国茶的香气中拉开帷幕。

是日傍晚，波尔多市政府设宴市政会议中心，欢迎来自遥远东方国度的茶的传人。18时刚过，整个会议中心座无虚席，大家静静地瞩目舞台的中心那被掩上的大幕。突然，舞台上方传来一阵清脆的木鱼声，如同一只树林中的啄木鸟在叩问百年乔木，又仿佛远在深山的一位樵者，在对话空谷。立刻，所有与会者的心神敛住，大家一起将注意力投向舞台。

大幕被徐徐拉开以后，一位东方古装女子踩着木鱼的节奏走来，轻盈施礼，端庄入座。随即清亮的磬音代替木鱼叩击，音乐行云流水般的响起来了。旋律之中，一股青烟从前方升起，慢慢地熏染成一幅画一般的意境。画中那个女子身似菩提，手若莲花，引导着全场的目光与思维，缓缓进入了一种空灵玄妙、神秘崇高的境界。她的每一个手势，每一个眼神，每一个动作，仿佛都呼应着在场的每一双眼睛，牵动着每一颗心，虔诚供花、齐眉敬香、叩拜礼佛、回身结印。那天籁般的佛乐，铺垫着再将这全部的专注与虔诚融于水、融于器、融于茶、融于境，随着进程渐渐递进，让在场每一位观者的心灵都跟随着旋律，跟随着她的脚步、她的手势，她的眼神舞蹈起来。

半瓢清泉入盏，一杯香茗出壶，一席茶道，演绎东方文化于提起放下；半阕梵音，复原唐密茶道在茗香盏中。

18分钟的茶道表演，复原了失传千年的历史情境。18分钟，中国茶与法国酒实现了全方位的交流。在遥远的欧洲酒城波尔多，唐密茶道传承人谢美霞女士，通过她的可观、可饮、可参、可修的茶道演绎，展现了中国茶道古国千年不衰的容颜。会场中，不时听到法国朋友在用生硬的汉语发音悄声重复着："茶道"、"中国茶道"……

演出结束后，论坛的法方指导委员会主席、法国参议院文化事务委员会主席雅克·瓦拉德偕夫人走遍整个会场，寻找茶道表演者谢美霞女士，希望与他们夫妇二人合影。面对满堂的嘉宾和蜂拥而上的记者，瓦拉德先生高声介绍："这是中国的茶夫人、茶大使！"

这一幕便是谢美霞转型后，首场代表国家进行的对外交流活动。后来，她又先后在欧洲交流展演18场，让欧洲人充分感受到了中华文化的博大精深。

1997年，一次茶事活动中，谢美霞结识了当时的中国茶禅学会会长吴立民。吴立民，中国佛教文化研究所所长，兼任中国茶禅学会会长，学问渊博，对中国佛学及儒、道、医、茶均深有造诣，研究成果在中国佛教界引人注目，尤其是在茶禅文化研究上开启中国茶道的新篇章。1990年，吴立民应中国佛教协会赵朴初会长的邀请，赴京主持佛教文化研究工作。吴老身为中国茶禅学会会长，深忧中国茶道失传，且今日茶禅的弘扬及文化交流，都亟须中国自己的茶道。陕西法门寺地宫里发掘出唐僖宗供养佛指舍利保留下来的一套精美茶具，和唐代宫廷的饮茶文化和饮茶仪式的记载，吴立民先生根据现场茶具的摆设，结合文章记载，挖掘、整理出茶与禅结合的"药师茶供会仪轨"，作为中国茶道法本，传授给谢美霞。时任全国政协副主席、中国佛教协会会长的赵朴初认为法门寺地宫的这一发现具有重大意义，提出复兴中国茶道的至尊地位，希望能够把中国茶道发扬光大。于是，谢美霞跟着老师吴立民苦练内功，学习领会茶道的内涵。在吴立民的指导下，将禅文化与中华茶文化结合，独创了唐密茶道。2008年正式成立北京唐密茶道文化交流中心。

谢美霞认为，从2007年开始，安溪铁观音在全国已经成为无人不晓的茶叶品牌，安溪县通过茶叶脱贫的案例成为国务院扶贫办向全国推广的典型。这时，谢美霞从县政府派驻到北京工作已经整整10年，完成了县里赋予她的使命，该是谢幕的时候了。于是，她向县政府辞去了公职，专心从事唐密茶道的研究与推广工作。

谢美霞的唐密茶道推广工作面向全国以至于全世界，但她始终没有离开马连道。她说，马连道是她的第二故乡，她永远不会离开马连道，就像她当年来北京推广安溪铁观音，以马连道为中心向整个北方市场延伸一样，她开办的北京唐密茶道文化交流中心就设在马连道茶马大厦，马连道始终是唐密茶道推广中心的总部。

谢美霞从事茶文化推广工作后，依旧不忘为马连道锦上添花。2008年新春，在老舍茶馆举办百名使节茶话会上，由中国人民对外友好协会和区政府主办，谢美霞向各国驻华使节展示了与众不同的唐密茶道。2011年，北京马连道国际茶文化节期间，她配合西城区政府承办了"中国茶文化起源与未来发展研讨会"。作为一个较早进入马连道的茶人，她深谙马连道作为北方茶叶集散地，最缺少的是茶文化，她希望这条街上的茶人能够更多地了解领悟中国悠久的茶文化历史，以文化为依托提升销售。她从茶商的孩子做起，开办了少儿茶礼讲座。在对外合作中，她希望更多的大众消费者走进马连道，了解中国茶，在2013年北京文化产业博览会上，谢美霞与大会组委会联合举办了以"非遗传承·茶香世界"为主题的马连道一日游活动，共有近千人走进马连道了解中国茶文化。

　　如今的谢美霞，不仅仅是马连道的谢美霞，她在北京市乃至全国、全世界共开设了28家茶文化培训机构，特别是在北京多所大学开办了在校大学生茶文化普及公益课和选修课，2008年在北京联合大学旅游学院设立专门教室，唐密茶道成为学院路共同体28所大学学生选修课程。并设立研究室，在朝阳区芳草地国际学校教辅中心设立茶文化教室，立足中小学生茶道体验和中小学教师茶文化进修，她还在国家图书馆文津雅集、文津书院设立唐密茶道专用教室，作为北京市部分区、县校外教育基地和社会公共文化普及窗口。

　　谢美霞的唐密茶道引起了文化部的重视，位于泰国的中国文化中心设立了唐密茶道专用教室，每年的中泰文化交流周都展示唐密茶道，日常进行唐密茶道的交流培训工作。多年来，谢美霞随文化部、中国对外友好协会等单位多次到国外展示中国茶文化，每到一地均产生较大反响。而到唐密茶道教室体验中国茶文化的外宾一年也有2 000人次。正如法国瓦拉德先生欢呼的那样："这是中国的茶夫人、茶大使！

万般皆下品，唯有读书高！

陈龙

茶香万里"茶书网"

记茶书网创始人陈龙

◆ 陈 浩

  中国茶产业的链条较长，有人做茶、有人做器、有人做衣、有人做食，而茶书网的创始人陈龙专注"茶书"，是中国茶文化的推广者和践行者。陈龙 1977 年出生于福建安溪感德镇，一撮山羊胡，笑容满面，谦逊有礼。他在茶书领域小有名气，在大众面前甘于奉献，致力于做聚焦"茶书"的平民代言人。

  1993 年，陈龙离开中国茶叶第一镇——感德镇，只身来到北京与兄长一同开办书店；

  1996 年，踏着第一波民营图书出版热潮，与兄长专注经管类图书的出版、发行，掘到了第一桶金；

  2000 年，随着北方铁观音市场越来越红火，他在做书之余也开始经营家乡的铁观音，次年注册"感德"茶叶品牌，7 年后注册"感德真品"茶叶品牌；

  2007 年，凭借涉茶以及出版业的相关经验，陈龙尝试在新的领域进行探索，"茶＋书＋网络"，茶书网诞生了，经营初期约 400 种茶书；

  2018 年底，发起"品茗读书会"线上线下读书活动，并于 2019 年的第一个周末成功举办"品茗读书会"第一次线下读书活动。

来自"安溪感德"的出版人

  酒香不怕巷子深，书香自能醉人。北京国际茶城三层西北角，有两扇敦实古朴的老木门，门头上挂着金字红底"感德真品"四个大字，这里便是茶书网的实体店。门头的字落笔规整，安静沉稳，不张扬不落俗，静待有书缘、有眼缘、有茶缘的宾客。80 余平方米的店铺专注茶书，茶香与书香的结合也让这间小屋别有格调。在这里，只要涉及茶的书籍几乎都能找到，书籍按类别、出版社、出版时间等要素整齐地放置于书架，既方便了书友翻阅或查阅资料，也让这间书屋变得更加系统、立体，走进这里仿佛置身于一座袖珍的茶之图书馆。

20世纪90年代初，陈龙高中未毕业便只身来到北京，借着中国出版业兴起的民营书风潮，以及兄长在大学教授金融相关课程的资源，陈龙抓住出版和销售投资类、经管类图书的机会，幸运地掘到了自己人生的第一桶金。从小生长在铁观音故乡的陈龙对茶的感情很深，为了推广家乡铁观音，他来到马连道，打算开一家茶叶店，并注册了自己的茶叶品牌"感德"和"感德真品"，希望可以由经营书籍转到经营茶叶。但当时铁观音市场混乱，市场上铁观音的质量良莠不齐，也因为深信专业的人做专业的事的理念，陈龙开始思考自己未来的方向。

2009年，一次偶然的机会，出版社邀请陈龙编写一本入门级的茶书。于是陈龙临时组建了团队，查阅各类茶书，实地去茶山考察，向多位专家学者请教，经过一年的时间，他的第一本茶书《茶鉴》正式出版，受到了消费者的喜爱，销售约6万册，再版5次。

书墙内的茶文化传播

喝茶，写书，卖书，交友，陈龙的脑海里一直在思索：如何在销售茶叶的同时，对茶文化的传播贡献自己的一份力量？能否将出版行业与茶结合起来？

一次，陈龙想在书市找一本关于茶的书籍，却久寻未果。抱着尝试的态度，他在网上搜寻，几经波折，终于找到。这件事让陈龙深有感触，既然很多茶书在市面上买不到，不如通过网络渠道展示、推广、销售。于是，陈龙开始实施这个在脑海里浮现的计划。从筹划、收集茶书、建立平台、联系出版社、整理茶书资料到上线，只用了半年时间，茶书网便投入运营。那时网络购物、物流配送还未普及，读者看到后，还要先打电话咨询，确认购买后，通过银行转账汇入陈龙账户，陈龙再将茶书通过邮局挂号信的形式寄出。

想要经营好一个平台，日常维护尤为重要。一方面，陈龙需要不断寻找稀缺书籍，尽可能把茶书的纵深做透；另一方面，还要与市面上新出版茶书的出版机构取得联系，以保证新品以最快的速度送达消费者手中。完成以上两步，再将整理好的内容定期通过邮箱推送给关注茶书网的朋友。日复一日，年复一年，看似平凡，但这些琐碎、重复的小事才真正考验一个人对于事物的执着与热爱。

经过几年的努力，茶书网成为了连接人、书、信息的重要纽带，许多专家、作者、出版社、音像制品商纷纷与茶书网达成合作，陈龙也与业内和业外形成了良性互动。陈龙积极为茶文化市场补缺，不仅参与编著茶类书籍，还参与报刊、音像制品等的出版推广，力推茶艺培训、表演等茶事服务。

一个成功的茶书出版人不仅要懂茶、掌握行业出版规律，还要精通资本运营。从出版第一本茶书到现在，陈龙参与编写的书籍已有十余种。陈龙说："茶书的读者群已经由从业者中的精英群体向普通消费者特别是茶文化爱好者转变，掌握出版知识，不断开创图书形式，是未来茶书发展的趋势。"

将"茶书网"做成垂直类目的佼佼者

相比经济、教辅教材、营销类热门书籍，茶类图书有非常强的局限性：种类少，发行量小，利润低，所以很多人都不愿意从事茶书经营。但茶在陈龙生命中有着特殊的意义，冥冥之中也注定了他要与茶结缘。

一位茶友感叹："我去过王府井新华书店、西单图书大厦，看到的茶文化书籍也不过区区几十种，还是这里比较全！"这也印证了陈龙所说的"书好不好卖不是重点，重点是我这里的茶书一定要全。市面上、网络上有的，我这里肯定有，其他地方没有的，在我这里也一定能找到。"

"现在的国内图书电商'三足鼎立'，但很多年前，买书首选绝对是当当。"陈龙讲述目前的图书电商环境。当当网1999年成立，曾是80后、90后熟知的"图书商城"，比淘宝早4年，比京东商城更是早了8年。三家凭借各自"优势"在品牌知名度、物流配送、流量优势进行自我完善。至于茶书网，陈龙有着自己的规划。

店里有许多老茶书都是绝版的，这些书籍都是陈龙耗尽心血一点一点淘来的，是他的宝贝。陈龙说："通过线上途径买书的朋友，觉得我们这里方便，价格公道，品质有保障。还有些远道而来的茶文化的爱好者，他们来北京的茶书网，更多的是想来认识一下陈龙。久而久之，"茶书网"成了众多茶友聚会的地方，除了买书，大家也愿意在这里坐下来，分享一款茶，一起聊聊茶行业的发展。"

在马连道，茶友拿着刚买的书去买茶，成为一道独有的风景。以茶书为参照、对比、挑选，让选茶之人有了工具，大家习惯地把这里称为"茶文化俱乐部"。与茶书网打交道的有收藏客、茶爱好者，很多茶企博物馆、高校图书馆、茶乡政府、出版社等。大家以书为媒，以茶为介，志同道合。朋友们聚集茶书网，让马连道不仅成为"淘茶客"的天下，也成为"淘书客"的天下。

相较于实体书店，渠道和成本是图书电商不可忽视的两大优势。茶书网通过线上销售图书，实体店读书、品茶、写书、买书、交友，形成了线上与线下互动。

根植于茶文化

北京语言大学中文系教授梁晓声用这样四句话阐述"文化"：植根于内心的修养；无须提醒的自觉；以约束为前提的自由；为别人着想的善良。对陈龙而言，书是文化，不是商品。茶文化的发展，将加快茶产业发展的内动力，成为茶业竞争的重要元素。

谈到茶书网目前的经营状况，陈龙说，"如果从销售额来讲，每年至少投入几十万，资金没了，茶书网的资本增加了，但从价值来看，远远超出茶书本身。"如何将每年的亏损补齐？"那就卖我们感德铁观音来养书！"陈龙边说边泡着手中的铁观音。

弘扬茶文化，发展茶经济。从"老本行"文化公司转型为专业的茶书开始，他始终认为，茶行业的发展需要茶文化助力，用心做茶文化，服务好广大茶文化爱好者，把握时代前进的脉络。

短暂又不平凡的十年，成就了一位茶书人，也见证了马连道从茶叶商品街，发展成为茶业经济街、茶旅文化街。正因有许多像陈龙这样为马连道茶文化的发展添砖加瓦，春雨般润物细无声，默默贡献着自己的力量的播种人，才有了马连道茶街今天的繁荣。陈龙说，茶的兴盛，文化先行，文化决定茶产业的兴旺。

做聚焦"茶书"的平民代言人

无论是出版营销经历，还是做茶生意，陈龙都与茶有着难以说清的缘分。茶书网，是茶产业发展的缩影，而陈龙是茶产业发展的洞察者、见证者、实践者。做聚焦"茶书"的平民代言人，十五年如一日，守着书店，传播着茶的魅力，让更多人了解茶，爱上茶。

有人说纸质书即将消亡，2002年到2012年，全国有近五成实体书店倒闭，总数达1万多家。这十年，陈龙顶住压力与困难，冲出了纸质图书发展的难关，将茶书网打造成为茶产业中独特的品牌IP。陈龙拿出中国新闻出版研究院的一组数据，2016年中国成年国民图书阅读率为58.8%，较2015年58.4%上升了0.4%；2017年我国成年国民人均纸质图书阅读量为4.66本，较2016年4.65本略有增长。传统纸质图书和数字化阅读的方式仍将会并存。从近年来茶书网销售的数据来看，与全国呈现的趋势大致相同，买纸质书的人不断增长，呈逐年递增趋势，许多人买书为学习，为收藏，为情怀。

作为一名平民代言人，陈龙认为需要产品创新的形式来更好地传播茶文化。文化的魅力是无穷的，生命力是无穷的，发展力也是无穷的，茶文化有多远，事业就有多远。如何让"名牌"变成"民牌"？陈龙说，"茶，就应当作柴米油盐酱醋茶来卖，只有关注大众市场，产业才会兴旺。"陈龙严格把控产品质量，将家乡的铁观音包装成亲民茶，与茶书一同配套出售，书与茶得到了完美的结合。

陈龙相信，随着生活水平的逐渐提高，将会有更多喜欢茶的人，茶书将成为茶与文化的桥梁，满足人们在文化、精神等方面的需求，书香与茶香从古至今未曾分离，"书墙"成为茶书网流动的"茶知识"海洋。

在全球互联网兴起的今天，由陈龙发起的"品茗读书会"以继承和传播中华文化为理念，弘扬茶文化，科普茶知识为宗旨，更好地服务于茶业经营者及广大茶文化爱好者。通过移动互联网线上平台，线下实体店加盟的形式，为茶文化爱好者提供"全民阅读"及线下活动体验，使更多知识匠人，茶匠人和读者面对面。未来，陈龙将在全国成立300家线下读书俱乐部，助力中国茶产业，助力传统文华的复兴，助力实现中国梦。

中国茶 马连道30年·30人
‖新锐篇‖

青年是茶行业的希望，是茶产业发展进步的力量。

他们风华正茂敢闯敢试，他们勇于创新有理想、有担当，他们承前启后继往开来。他们在马连道已经崭露头角，撑起一片新天地。

长江后浪推前浪，一代新人胜旧人。马连道的未来一定属于他们。

让喝茶成为时尚

会喝茶享受健康

张晓勇

跨界跨出新天地

记北京乐茗风科技有限公司总经理张晓芳

◆ 梁　妍

在马连道的众多茶企中，有一家装修得看似平凡的门店——茂圣六堡茶。这家企业 2013 年才在马连道京华茶业大世界落户，跟马连道众多"元老级"茶企相比，它无疑是入驻比较晚的一家企业。神奇的是在马连道这个竞争压力如此之大的地方，它不但站稳了脚跟，还在稳步发展。这家企业到底有何独特的魅力？要想知道这家企业是如何发展的，我们就要先认识一下北京乐茗风科技有限公司总经理张晓芳，也许我们能从他的身上找到答案。

小城青年考茶学，决心投身茶产业

1978年，张晓芳出生在安徽一个叫宁国的小城，这个小城最令人熟知的特产并不是茶，而是山核桃和元竹。张晓芳是家里最小的孩子，虽然家庭并不富裕，但哥哥姐姐的关心爱护让他度过了难忘的童年。父母深知知识的重要性，认为读书是农村孩子的最好出路，于是尽可能地支持三个孩子上学。可是贫穷使得父母供三个孩子上大学的愿望无法实现。哥哥外出打工，姐姐放弃高考复读的机会，这让张晓芳也萌生了外出打工赚钱不读书的念头，但他还是咬牙坚持下来，并于1997年考进了安徽农业大学茶学系。初进校园的张晓芳也经历了一年的迷茫，他甚至不知道自己学习茶学之后的就业前景，更别提为自己制定职业规划，仿佛置身于一片混沌之中。他甚至在想，要不直接放弃重新复读算了。就在这时，一束光照进了他阴霾的天空。在大学二年级的时候，老师说张晓芳的一位师兄毕业后分配到北京京华茶叶公司，后来在北京自主创业建立了一家茶叶企业，而且发展得越来越好。这个消息对张晓芳来说，无疑燃起了他对茶叶的信心。他无论如何也想不到，这一小片树叶竟然能带来这么多财富，原来茶叶并不是一种简单农作物。

大学毕业遇伯乐，更香历练成人才

2001年，张晓芳四年的大学生涯接近尾声，一个严峻的问题摆在了他的眼前——找工作。毕业后的张晓芳也曾像大多数的大学毕业生一样，发出了很多简历，但由于面试经验不足，大多没有结果。就在他屡屡受挫的时候，中国农业科学院茶叶研究所的一位师兄向他推介了北京更香茶叶有限公司。张晓芳再次鼓起勇气，给更香茶叶公司投去了简历。当时，更香求贤若渴，广纳贤才，很多同学也向更香投递了简历，张晓芳本来并没有抱太大的希望，没想到，这次更香并没有令他失望，向他"张开了怀抱"。更香公司虽然是民营企业，但却向政府申请了特殊人才引进计划，解决了张晓芳的北京户口问题，这就解决了他的后顾之忧，企业还按照特殊人才引进方案对他进行悉心培养。更香的团队中大多数是年轻人，这让初入社会的张晓芳在更香公司感受到了无限的活力。刚进更香的时候，企业给他安排的工作很基础，站柜台、看库存、收银……在这些基础而又琐碎的工作中，他了解了更香的产品特点、企业理念、核心竞争力……这为他日后开展工作奠定了基础。

在度过实习期之后，张晓芳担任了董事长助理，帮助更香的董事长处理企业管理及公共关系等方面的事务。两三年后，张晓芳也开始进行党政工作，担任团总支书记，建立团支部，凝聚企业的青年力量。后来，张晓芳又作为管理者代表参与质量管理体系认证，推动更香产品质量提升。随着张晓芳在主管企划和品牌运营等方面的工作完成得愈发出色，升任为更香公司副总经理。2007年，更香成立了党支部，张晓芳成为更香公司的党总支书记。这一系列工作让他得到了全方位锻炼，也拓宽了他的眼界。就在这时，更香决定拓宽产品领域，研发一种将茶与中草药结合的降糖产品，并成立了子公司。张晓芳被委任为该公司的总经理。

离开更香谋创业，结缘六堡做经销

在更香兢兢业业工作了11年的张晓芳决定要自己闯一闯，于是他向更香请辞，决定开创一片新天地。2012年，张晓芳正式离开更香，开始了自主创业。他根据自己在茶行业的丰富经验为企业进行咨询服务。机会总是不期而遇，张晓芳在一次南宁的会议中结识了广西茂圣六堡茶公司的董事长。本就对六堡茶很感兴趣的张晓芳与茂圣六堡茶的董事长聊得十分投缘，董事长当即邀请张晓芳随她去梧州的茶厂考察一番，正是这次考察让他发现了六堡茶的商机。到了茂圣六堡茶的茶厂后，张晓芳被眼前的景象惊呆了。他之前考察过很多黑茶茶厂，生产加工状况着实堪忧，广西是相对落后的产茶地区，生产环境必定更加堪忧。然而，茂圣六堡茶茶厂却颠覆了他的想法——全机械化清洁生产，车间内窗明几净……他认为这个茶厂在清洁化生产方面把控得如此严格，对产品质量把关必定更加严苛。后来，张晓芳又悄悄独自探访了几次茂圣六堡茶茶厂，并在北京建立了茂圣六堡茶办事处。但由于当时六堡茶在北京鲜为人知，张晓芳不能确定大家会不会喜欢六堡茶的口味。于是，他邀请了几位亲朋好友品鉴六堡茶，大家纷纷表示茂圣六堡茶的口感并没有其他六堡茶那样浓烈，没有令人难以接受的味道，让人觉得通体舒畅，暖心暖胃。他瞬间感觉到六堡茶虽然没有绿茶、红茶那样完美的外形，也没有茉莉花茶那样令人记忆犹新的高香，它却那样默默地温暖着人们的心和胃，充满着内涵。

张晓芳选择代理茂圣六堡茶的初衷十分明确，他认为创业公司的重点在于产品定位。他没有选择茶圈的"明星"普洱茶，因为他觉得普洱的竞争太激烈，已经没有太大的空间了；他也没有选择深受大众青睐的绿茶，因为经营绿茶的成本很高，而且销售期较短，容易造成不必要的损失；他同样排除了北京人最喜欢的茉莉花茶，因为茉莉花茶的保质期较短，也同样存在着很大的风险；福建的岩茶、铁观音已经被马连道的"元老们"占据了市场……几经思虑，张晓芳决定选择一个小众的茶叶品类。据他观察，北京茶叶市场正在向着多元化、小众化的方向发展。20世纪90年代，茉莉花茶占北京茶叶市场份额的90%以上；2003年以后，《北京日报》和北京电视台宣传绿茶可以提高人体免疫力的功效，使绿茶在北京茶叶市场的销售份额大幅上升；2006～2007年马帮进京，把普洱茶带进了北京，掀起了"普洱风暴"；随后的铁观音、红茶、白茶、岩茶都在不同程度上影响了北京人的饮茶习惯。因此，他认为任何一种茶类都有可能在北京茶叶市场"掀起巨浪"。近些年广西对六堡茶宣传推广逐步重视，精准扶贫项目的大力支持，六堡茶的前景十分可观。

跨界推广花样多，平台经验积累足

在创业的时候，最难的问题必然是如何将产品推广出去，这就要得益于张晓芳在更香做品牌运营工作时积累的很多经验。首先，张晓芳拓展六堡茶及品牌的时候，主要选择性价比较高的展会和品鉴会，通过有特点、品质高、包装新颖的特价产品促销，带动消费者体验。开始时，他把主要精力都放在茶叶展会上，但渐渐地，他意识到产品需要的是多方位的推广。于是各大文创、服务、餐饮、物流等展会上也出现了茂圣六堡茶的身影。

其次，张晓芳凭借在茶界多年的客户积累，采取了一项最行之有效的推广措施——赠茶。有很多客户因为品饮了赠送的六堡茶，感受到了六堡茶的魅力，不但自己前来购买六堡茶，还推介身边的朋友品饮六堡茶。无形中，六堡茶的受众慢慢扩大。

同时，张晓芳还和厂家联动，率先在行业启动O2O营销模式。就是线上购买，经销商线下发货，这样确保消费者最快收到产品和经销商相关信息。通过有效沟通，促进线上顾客的线下体验，增强客户黏性，增加购买量和购买频次。

张晓芳除了六堡茶经销商的身份，同时还创立了北京卓悦天成科技公司，致力于为企业提供策划、包装、政策等方面的咨询服务。通过这家公司，张晓芳不但拓宽了业务层面，而且与云海肴、权金城等餐饮企业达成了战略合作，把茂圣六堡茶送进了"餐饮界的大门"。也正是因为跨界，北京好多服装企业、饲料加工企业、软件公司等及古玩大咖、餐饮行业老板都成为了张晓芳的客户。

不忘初心讲文化，突破内向成长快

作为茶学专业毕业生，张晓芳不忘初心，一直在为推广茶文化而努力。他曾经是《北京青年报》"晓芳说茶"专栏的专家，在不同的场合和平台推广他的产品和茶饮健康知识。走进社区、部队，为消费者讲解茶文化，倡导科学健康饮茶。

曾经，张晓芳是个沉默寡言的人。自小内向的张晓芳在社会这所"大学"中遇到了形形色色的人，他不得不突破自己对于交流的恐惧，不断超越自我，处理棘手的公共事务、企业管理的事物、各式各样的会议演讲……这对一个不善言辞的人来说无疑是一种巨大的挑战，只有敢于冲破内心枷锁的人才会迎向光明的未来。

马连道转型困难，文化升级是关键

岁月峥嵘，转眼间马连道已经到了"不惑之年"，这条街即将面临着一次重大变革。在谈及马连道转型方向时，张晓芳笃定地说，当今社会适者生存，如今的马连道已经不是当年的茶叶集散地，夫妻店的简单模式势必要被淘汰。不进则退，转型升级势在必行。

张晓芳无疑是幸运的，他进驻马连道时，这条街已经整顿得比较规范，他享受到了规范化的成果。然而，马连道的转型仅仅做到规范化就足够了吗？张晓芳不这样认为，他认为现在依然有很多茶农进驻，仍然在做茶叶批发的生意，这样的经营道路注定走不长。真正能够长期在马连道走下去的企业将是以茶为特色和媒介，开展各种茶文化创意活动，打造茶文创产品和现代商务。但马连道转型的过程必定是痛苦而又艰难的，需要一定时间慢慢转变。张晓芳建议就马连道目前的空间格局，尽可能地在软件上进行提升。

从张晓芳身上不难看出，他并没有把眼光禁锢在茶行业中，跨界营销才是他成功的诀窍。当人们带着异样的眼光看着他穿梭在各行各业中，批评他不务正业的时候，他充耳不闻，带着自己的一套经营思路铺就了一条别具一格的创业之路。谁说茶行业如今正在经历寒冬，小众茶难有出头之日？张晓芳正在用他的实际行动告诉大家，多变的思路、开阔的眼界、灵活的销售方法才是"逆势营销"之路。

　　人的一生，从出生开始，就是脚步不停地在学习。学习适者生存，学习优胜劣汰，学习提升自我，学习伴随我一生。

"草堂"奠基百年梦
茶道彰显一生情

记草堂包装创始人朱新亮

◆ 李 倩

朱新亮打趣道:"草堂包装,距百年老店还有九十年。"

朱新亮 2000 年来到北京,2005 年创建"草堂包装"。2017 年,品牌升级,在草堂包装中衍生出高端定制包装"杜甫包装"。草堂包装是一家专业茶包装设计生产企业,主打小批量个性化定制,为茶行业及各行各业商家提供专业快速便捷的包装定制方案,并根据不同客户规划不同的品牌定位、产品定位,量身定制差异化的包装策略与创意。目前,这支富有品牌战略经验和原创设计力量的年轻团队,已为全国茶行业的数百家企业创造出了极具品牌形象力与销售力的包装设计。

为茶，离家千里

朱新亮是浙江武义人，少年时心里就藏着一个做一间百年老店的梦。2000年的时候，机缘巧合，他看到了北京更香茶叶有限公司正在自己的家乡招聘，更香茶叶的董事长俞学文正是武义人。朱新亮看到招聘信息后，便第一时间报名、参加了面试，他对工作的热情打动了俞学文，俞学文便答应可以让他去更香茶叶试一试。就这样，18年前，朱新亮踏上了开往北京的火车。

来到更香前，朱新亮刚刚毕业，所以更香茶叶是朱新亮的第一份工作，当时他具体负责的就是茶叶包装相关工作。"我当时主要负责包装信息的收集，印刷厂的对接，以及简单拼接等工作，积累了很多的经验。所以虽然一晃这么多年过去了，但我对更香的感情并没有被时间削弱，我觉得正是因为俞董当时给我机会，才让我有了今天的成绩。"朱新亮说。

在更香工作3年，朱新亮非常努力，也积累了不少专业经验。他当时反复问自己，是不是应该放手闯一闯呢？创业的念头也正是从这时起开始在他心中不断升起。终于，2003年，朱新亮迈出了对自己重要的一步，离开更香茶叶，专攻业务，蓄力创业打造自己的品牌。

做品牌，厚积薄发

离开更香茶叶后，朱新亮并没有急于在马连道开店，而是选择第一时间去充实自己的头脑，练好内功。2003～2005年，朱新亮到北京一家包装工厂学习基础的业务，包括包装基本工序，后期制作技术，并加强了对印刷各方面技术的了解。在他看来，这段时间的沉淀对他今后打造品牌非常重要。"学习主要出于两方面的考虑，一是当时刚从更香出来，自己身上也没有什么钱，家里也不富裕，二是觉得应该去学习，加强自身素养。"两年后，正巧茶缘茶城建成招商，当时给商户的条件很是优惠，可以免租金，还可以报销相当一部分的店铺装修费用，朱新亮觉得这个机会很好，当时也积累了3万元创业基金，虽然不多，但东拼西凑，也足以让他在马连道开一家属于自己的店铺了。2005年，草堂包装正式在马连道诞生。

朱新亮说，在学习积累的两年间，他与很多工厂建立了比较好的关系，这种关系也延续到了后续的合作中。"工厂承诺我可以先付一部分定金，等卖出产品后再付尾款，这样对我而言，资金压力就没有那么大，我觉得这对刚刚成立的草堂包装站稳脚跟、稳健发展起着至关重要的作用。"

联盟，开拓资源

刚开始的时候，朱新亮并没有太多的客户资源，也没有什么渠道关系。他说，草堂包装之所以可以发展壮大，全靠创业初期同行之间的合作。"之前我接触到很多包装品牌对同行都很抵触，甚至在橱窗上贴了同行勿入的字条，我觉得这样是不对的。市场这么大，一个人的力量毕竟有限，如果大家可以形成合力，通过协作，一定能实现共赢。"所以，朱新亮在包装业同行中提出了同行协作的理念。最开始的时候，他找到当时在马连道开店的包装业同行，请他们做草堂包装的经销商，通过他们的渠道销售自己的草堂产品，朱新亮发现这样做的效果非常好。"草堂包装可以专注发挥自己的设计和产品优势，而与我们合作的其他包装品牌则发挥渠道和客户优势，这样资源互补，让我们都收获很多。"朱新亮总结说。经过几年的发展，草堂包装陆续又和马连道的七八家包装品牌达成了合作共识。现在他们在全国成立了合作联盟，影响力在行业里也越来越大。

朱新亮说："现在非常流行的一个词汇叫做'联盟'。如果我们可以和同行结成包装联盟，每一家都销售同盟企业的产品，那么就会降低自己设计、生产的成本，库存压力也没那么大。比如说，一个季节总共要生产100种产品，但结成联盟后，每家企业只需要设计、生产15种左右即可。对我们来讲，大多数包装的附加值较低，体积大，非常占库存，通过同行协作可以有效地解决这个问题，让产品流动起来，又不会占用大家过多的资金。与此同时，我们也将它看作是一个集合了不同企业，不同产品的大平台，每家都有自己独有且固定的客户和渠道，形成合力后，对联盟中的每家企业而言，都会增加销售渠道，减少成本的支出。"

朱新亮与这些同行多年来一直保持着良好的关系，是朋友，更像亲人。从2012年开始，他们每年都会组织一次集体远行活动，有点像团队建设，又像是朋友间的年度旅行活动。之前他们去过新疆、内蒙古、东北等地，去年6月，他们又重回新疆，重走一遍当时的路，"大家对这项活动的参与度很高，每次活动结束，我都会做一个视频发给大家留作纪念，有的视频还被我上传到了网上。我认为通过这个过程，也增强了我们之间的凝聚力。"

设计，产品的灵魂

2007年，朱新亮将草堂包装从茶缘茶城搬到了京闽茶城，朱新亮回忆说，当时曾经做出过不少的爆款产品，其中一款就是风靡一时的烟条盒式设计的茶叶礼盒。这款包装是朱新亮自己亲自设计出来的，他并非设计专业出身，但多年在行业中摸爬滚打，让他对茶叶包装的市场需求和趋势有了敏锐的洞察力，他了解这个行业，也了解客户的诉求，所以可以凭借经验预判市场的趋势和情况，这让他在设计包装的过程中也可以更加精准地进行定位。

2008年，是草堂包装的一个爆发年。那一年，草堂包装开始在线上开设网店，无论是客户、渠道，还是销量，都是草堂包装的爆发点。朱新亮说自己是个好学的人，他希望将时间用在有意义的事情上，他通过自学掌握了市场上大部分的设计软件的使用方法，都可以熟练操作。

除了朱新亮自己，草堂包装的设计团队还有4个年轻人，大家都十分专注于自己的工作。朱新亮说，草堂包装的理念是以市场需求做设计服务，他和他的团队认为这样会更接地气，更了解客户的需求。在销售过程中，他们也会得到很多客户的反馈，并根据市场的反馈以及当年的流行趋势，结合自己的风格设计茶品。"我们给客户提供足够多的通版样式，让客户可以自由组合进行DIY创作，让客户拥有自己的特色，甚至可以打造自己的品牌。这是我们与其他包装企业相比的优势所在。"草堂包装多年来一直坚持中高端市场的拓展，在草堂包装的基础上，2017年，他们也衍生出一个更为高端的包装品牌——杜甫包装。"这些年我们也在摸索中前进，希望可以做得更专业，更专注。"朱新亮说。

目前，草堂包装和杜甫包装主要针对小批量定制群体进行设计服务。朱新亮说这部分客户的市场需求量非常大，而且从市场趋势预测，未来这部分的需求也将持续增长。朱新亮认为，这种需求源于公众以及商户对品牌重视程度的日益增加和对品牌建设需求的增加，特别是一些茶楼茶馆。"我们可以针对不同群体进行定制服务，甚至只有几十套也可以定制，这对小品牌，或者一些想要打造品牌的茶馆来讲，投入资金比较小，又可以有自己的品牌标志和品牌包装。我们只要提供种类足够丰富的通版产品，给他们足够多的选择空间，他们便可以找到适合他们的包装样式。草堂包装还主打一小时定制服务，这块业务我们已经非常熟练，有一定的优势，今后也会在小批量定制上投入更多。"

草堂包装的线上店铺现在拥有4.2万粉丝，是连续29期的金牌卖家。但朱新亮说，网上销售最好的时候是2015年至2016年。"这几年，我们也在总结经验，发现借助互联网平台吸引客户只是第一步，而如何将客户从线上转移到线下是第二步，也是最重要的一步。互联网销售最好的时代已经过去，大家在消费的时候，更追求体验感。通过调研和分析，我们发现，线下客户的黏性比线上客户要高4到5倍，所以我们也调整了思路，将未来的重点放在线上用户的线下转化。转化后，我们会再通过一些活动增强客户的忠实度。"

朱新亮认为，设计是产品的灵魂，好的产品一定有一个好的设计。他希望团队可以敏锐洞察市场的发展趋势。草堂包装的团队目前有18人，分别负责实体店铺、网上店铺和产品设计。目前，草堂包装销售的产品品种数量大概有3 000多种，朱新亮解释说，这是集合产品的数量，草堂自己设计的产品数量大概占三分之一。产品材质目前有合金、瓷、锡、纸、木、环保类等，除此之外，还有一些标签的定制。"目前销售得比较好的主要是环保类材质的包装。而且就这几年的大趋势而言，大家从原来的追求大的包装，到如今追求小巧、精致的包装。这也是当下审美的追求以及市场的需求。"

虽然市场目前比较流行简约的包装风格，但是礼盒大包装也有它的市场。"有一千个客户就有一千种需求，我们为客户服务，就要全方位考虑。"朱新亮说。小罐茶引领了小罐设计的风潮，其实小罐这种设计朱新亮很早就推出过，刚推出的时候也风靡了一阵子。朱新亮认为，未来行业和市场一定会有很多不确定因素，他要求团队根据市场的变化做出适当的调整。"我们也结合季节、节日做了一些礼品的组合包装，比如一个礼盒组合了茶、茶器和茶食品，在中秋节，茶食品可以放茶香月饼；在端午节，可以放茶香粽子。我们希望未来可以将这些东西组合起来，更完善，为商家提供一站式解决方案。"

草堂包装，离百年老店还有九十年

经过十余年的积累，朱新亮对包装行业有着自己的理解，他介绍，包装是社会文明进步的体现，也是社会经济发展的象征。一个国家包装产业的发展水平，直接反映出这个国家生产生活的现状。目前，茶叶包装的主产区在福建厦门和江西萍乡。"从全国来看，厦门的茶叶包装生产厂家也最多，厦门成为包装行业公认的标杆和茶叶包装的生产基地。目前厦门的茶叶包装设计在全国的知名度、影响力都很高，也十分前沿。草堂和厦门的包装工厂近几年也有一些合作，我们的设计配合工厂的生产，也有一些不错的尝试，推出了一些销售比较好的产品。"朱新亮说。

"马连道对于我们来说是一个大的平台，这么多年，我们在这片土地上成长，对它的感情很深，有点像老朋友，是我们生活中的一部分。近年来，马连道也在从商业向文化转型，我们希望它能发展得越来越好，因为对我们来说，平台越大，我们的机会也越多。"在谈到马连道时，朱新亮这样说。

　　朱新亮用勤勤恳恳和稳健两个关键词总结了创业以来的生活，他希望未来在做好品牌的同时，兼顾家庭，特别是孩子的教育。这在他看来才是更大的事。一个人的成就，并非仅体现在其对事业的追求上，还体现在对亲人朋友的关怀和奉献。微风化雨，言语之间，朱新亮流露出的尽是对家人的爱。

　　朱新亮在自己的朋友圈发布了一张线上店铺的截图，上面写着十年老店。朱新亮打趣道："草堂包装，距百年老店还有九十年。"草堂包装中藏着他的一个梦想——一个年少时就默默在心中立下的打造百年老店的梦。

　　严谨务实，诚恳勤奋。人生永远都在创业，只是每一次的起点和高度不一样，我们唯一能做的就是竭尽全力，永不懈怠！

杨国东

梦想云帆济沧海
创业身躯立潮头

记品茶忆友创始人杨国东

◆ 陈 浩

　　在马连道，传统茶商屡见不鲜，专注于"茶＋互联网"的创业者却寥若晨星。品茶帆友创始人杨国东，穿梭于互联网的浪潮之中，尝试着在茶叶电商中找到出口，发现光芒。作为一名"八零"后，他喜欢思考，敏感于数字，酷爱读书，敢于创新。杨国东说："我一生有两个梦想：做一名军人，成为一名企业家。"在他的身上，能感受到随时面对一切困难的勇气，以及势必成功的决心。正是这股韧劲，让他一次次跌倒，一次次站起来；面对失败，永不言弃。有人戏言，杨国东是"马连道"的马云，也许下一个茶叶电商时代就在这里开启！

18岁，只身闯沈阳

　　杨国东出生在安徽省石台县，16岁中学毕业后，因家庭生活困难，没有继续上学。儿时的参军梦因年龄未到18岁，也暂时没能实现。那时，杨国东喜欢收集报纸，喜欢关注城市发展和经济形势，还喜欢关注什么行业最"吃香"。偶然了解到家装市场的收入还比较可观，于是毕业后就去当木匠学徒，希望自己掌握一门手艺，之后有机会打工养家。除了当学徒外，杨国东很少与同龄人玩耍，他常常蹲在夜市的书摊看书，让自己更充实。

　　在学木匠的第二年，一次意外工伤，致使杨国东手部残疾。那时，他刚好18岁，当兵的梦想彻底破灭。不做军人，那一定要成为一名企业家！于是凭借自己两年的学徒经验，杨国东决定只身一人前往沈阳打工，闯出自己的一片天地。杨国东说，当时木匠的工费因地区不同而变化，广东地区80~100元/天，江苏地区60~80元/天，安徽地区40~50/天。按照安徽地区平均水平，学徒一天可以拿到30元，如果日夜连续工作，一个月可以有900元收入。

　　工作一年多，收入平稳。"不行，不能照'天'计算拿工资！"杨国东想着要提高效率，安排好施工进度！于是别人都按"天"拿着死工资，杨国东开始自己策划、设计，按照自己的方式，提前完成任务。这么一来，杨国东得到老板的赏识，成为项目负责人，带着几位比他年龄大的师傅跑施工，按项目拿工资。

20岁，单车"打天下"

"我一直认为自己骨子里有商人的潜质。"杨国东说到这里总是自信满满。

木匠做得游刃有余，不到两年还成为项目负责人，但他还是觉得没有完全释放出自己的潜质。一次偶然的机会，在北京打工的安徽老乡让他一起来做"天方"品牌茶叶销售业务员，一个月400元，加提成。还没有之前的工资高？杨国东前思后想，一周后，他决定放弃木匠工作，开启自己的"商人梦"，无论初期多艰辛。

2000年10月1日，杨国东坐着绿皮火车，带着自己内心的"商人梦"来到北京，做茶叶销售。一间9平方米的小卧室，一个月60元房租，一天3元伙食费，早中晚三餐各1元，一餐1元4个馒头，一天12个馒头，馒头用豆腐乳调味。实在吃不下，狠狠心，去吃一碗"天价"的3元拉面，改善一次伙食。

从来没有做过销售，从何出发？杨国东想出三点：一是了解周围环境，二是以产品定位消费人群，三是骑车跑业务。于是，他拿出所有积蓄买了一辆自行车，准备跑遍北京城。那年，杨国东几乎走遍了北京的城里城外，到过延庆、通县、门头沟、顺义等地，记住了800位客户的电话号码。那年冬天，杨国东骑车骑得手脚冰凉，冻得几乎没有知觉。杨国东把"天方"产品的规格、产品特征、价格牢记于心，将得到的信息进行有效匹配，把客户的需求整理归纳，加上为人热情，不断了解市场需求，从月销售额2万，到月销售额60万，杨国东仅用了8个月时间。"那时，只要肯努力，勤劳是可以致富的。"杨国东说，"现在不行啦，要不断创新不断进步，光靠勤劳可不够。"杨国东娓娓道来。

不到一年时间，取得这么好的业绩，同乡也眼红。年终提成还没拿到，杨国东面临了新的考验：要不带着提成回老家；要不就拿出14万承包北京营销店。那时的14万可谓天文数字，况且要在一个月时间内筹到。年轻气盛的杨国东稍作考虑，说："给我10天时间！"说出口的话不能收回，但是这笔"巨资"从何而来？杨国东为人诚恳，于是找了两个熟人担保，写借条，下保证，阐述自己在一年中的营销方法和成绩，拼拼凑凑，一周，借了14万，最终拿下北京地区"天方"经销资格。

"坐商+行商"，杨国东后来总结自己的销售模式。无论产品在店面是否畅销，都要走出去做生意，具有主动的经营意识，这样才能在市场经济环境下让企业具备更强的核心竞争力。

当时天方有一块很重要的板块——"保健茶"。由于赚到一些钱，杨国东准备让保健茶进驻商超，产品标准、稳定、可控，是商超的最佳选择。当时遇上2003年"非典"。金银花冲剂是市场最火热的健康饮品之一，这使杨国东赚到第一桶金。

从骑着单车跑营销，到开着轿车跑市场，杨国东很满足，那时在北京进驻六家商超，天津有三家，其中包括家乐福、新一佳。但随着市场转型，商超市场下滑，茶零售市场不景气。

28岁，第一次"触网"

没有一种商业模式是长存的，没有一种竞争力是永恒的。杨国东在传统茶叶市场浸淫了8年时间，最终还是面临市场转型。

茶叶市场不景气，杨国东不得不以新的办法开拓销路。当时马连道聚集有3 000家茶商，鲜有竞争亮点的传统市场很难突破。如何找到新的商机？杨国东想到了网站。丝毫没有网站技术背景的他应何去何从？

2007年，杨国东穿梭于各大网络技术"论坛"和"贴吧"，在石景山的一间"小黑屋"里闭关学习近一年，每天研究网站建设和网络编程。有不懂的问题买书学习，再不懂的就在论坛上向高手请教。尽善尽美的做事风格让杨国东遇到了比常人更多的问题，但由于学习能力强，又能解决问题并实际应用到网站建设中，让他有了快速的提升，尤其是网站设计、功能模块等方面。杨国东虚心求教，热心帮助他人，每天"厮混"在论坛中，还带着大家探讨问题，网友一致推选他作"论坛管理员"。2007年10月1日，"中国茗茶网"基本创立完成，网站立足茶叶传统市场，借力互联网的无限空间，力争将茶推向更广阔的层次，满足更多人的需求。

中国茗茶网开始以茶叶销售为中心，产品200多类，近5 000个品种，向着品种最全，数量最多，提供商场般的购物环境的类网网站的目标发展。针对不少消费者对电子商务诚信的质疑，杨国东还专门聘请了法律顾问，推出了假一赔三的服务。"要求别人讲诚信，我们自己更要做诚信。"杨国东说。

网站上线之后，杨国东的角色有了些许改变。除了每天都要在电脑前维护日常销售，还要组织协调"商盟华北片区"工作。商盟是网站支付技术的交流群体，与优势资源进行充分交流与合作，讨论支付手段、资源整合、物流运输等话题。"盟友可以联合起来与快递公司一起谈判，从而获得更多的合作优惠，比如有些快递公司不愿意跟某些盟友签订货到付款的服务协议，但盟友之间可以借助资源共享的方式解决该问题。"杨国东一谈到合作与发展时总是激情澎湃，盟友都称赞他对工作永远保持着那份热情。虽然协调与组织的工作辛苦且繁琐，但杨国东却忙得不亦乐乎。

30岁，9.9元包邮，成功逆袭

中国茗茶网做得有声有色，也受到淘宝、京东等电商平台的冲击，杨国东调整思路，战略转型，电商与网站两手抓，打造自己的产品"品牌"。

2010年，一次偶然的机会，杨国东结识了支付宝运营中心的负责人，在谈到阅读转化问题时，两人讨论了一个重要问题：如何将邮件打开率变为成交率？需要一个好的活动切入！经过一周讨论，杨国东想到一个足够诱惑的点子：0.1元"大红袍"购茶活动。

说是0.1元购茶，还需要9.9元运费，10元买到一款50克的茶，包含邮费，在当时还是有诱惑力的。那如何实现10元包含运费买茶，还让自己不亏钱？当时支付宝有400万邮箱用户，通过邮件推送信息，打开率约为10%，近40万用户打开邮件，成交率为1%即有4 000用户！杨国东算了一笔账：预计1万份茶，需要1 000斤茶，如果快递量足够，物流控制在每件3.5元，把包装0.5元成本剔除，还剩余6元原料成本。也就是说要找到60元以下1斤的"大红袍"，这样算来预计投资6万元。

两人一拍即合。但是问题来了，刚建立完成网站，流动资金不够。创业艰难，众人以为风光无限的老板，每一次前行都需要足够的勇气。为了电商转型，杨国东请福建茶农朋友帮忙收茶，但是前期只能支付一半费用，然而茶农同意了他的请求，这背后是巨大的"诚信"力量和个人魅力！产品准备工作大约25天，在此期间完成了文案创作、产品拍摄、物流支持等，一切就绪！

活动消息一发出，第一天就销售1 000多份，活动热度超乎想象，下午5点左右，服务器因容量有限，致使网站崩溃。这是杨国东从未想到的，于是连夜跨省开车抢救服务器，向专家求教，重新恢复。活动也成为"中国茗茶网"里程碑式的运营案例，最终成交率约为2.5%。

电商的"厮杀"相当激烈！中国茗茶网在发展线上的同时，也在"天猫"创立了自己的茶具品牌店，实现门户网站和电商平台的有效对接。2012年10月，杨国东的销售业绩在"天猫"茶具类目位居第一，餐具类目第七。

据"淘宝系"水具类目数据显示，市场销售额200亿元，茶具市场产值约为30亿，并且每年以30%的速度递增。杨国东有了新的目标。2012年，他创立的茶具品牌"品茶忆友"，专注于为消费者提供高品质的茶具与水具，打造"中国质造"的品牌魅力。2017年，杨国东联合北京奥运会的形象景观设计师、"兔爷"形象主创设计师——张维，共同打造了一款99元保温杯。

38岁，路在何方？

谈到未来规划，2018年杨国东给自己制定了3年目标：第一年"产品递增期"，完成品牌产品架构，包括玻璃杯、双层杯、保温杯、儿童杯、运动杯等，构建品牌人群；第二年"品牌递增期"，提升品牌形象，做独家原创和自主水具；第三年"行业递增期"，将基础用户增长到1 000万，占领茶具市场1%的份额，天猫好评率达到98%以上。如果第五年能占据3%的市场份额，杨国东将从水具反向推动茶叶市场，以每泡茶1至2元的快消产品为主，实现随身携带，即冲即饮，真正做到茶叶的标准化、快消化、产品化。

从茶叶转型做茶具，除了市场因素外，杨国东思考的是茶叶产品如何做到标准且口感符合大众喜好。他说，如果有1 000万茶具消费者的用户画像，挑选100万精准用户买茶具免费送茶，反馈口感喜好，不断调整消费者口感需求，真正做到产品"大数据"，经过反复实验比较，实现一杯"好茶"。

如今，杨国东希望通过产品升级、IP与资源共享实现品牌新跨越，并致力打造以"品茶忆友"茶具品牌、"中国茗茶网"线上渠道、产品研发的整体战略模式。

　　我应该是属于佛系创业者，"三不一少"：不喝酒、不抽烟、不唱歌，平时非不得已，很少出去应酬；朋友时常善意建言，走出去才能扩大人脉，道理我明白，可我还是有点小傲骨，抵制无效社交，内功不扎实，认识谁也仅限于你认识他而已，我坚信"人生如花，你若盛开，蝴蝶自来"。

煌煌大数据
泱泱茶市场

记"茶花开啦"茶行业大数据平台
创始合伙人詹万宝

◆ 李 倩

詹万宝，福建安溪人，毕业于北京大学计算机系。曾先后就职于华夏银行、中国茶叶流通协会等单位。2014 年底开始创业，一手打造了手工青花茶器品牌"元水堂"、高端茗茶品牌"汤臣九鼎"、茶行业大数据平台"茶花开啦"等品牌。现任北京汤臣九鼎茶业有限公司 CEO、"茶花开啦"茶行业大数据平台创始合伙人。

詹万宝自幼在茶乡耳濡目染，与他很多福建同行一样，对茶有着难以割舍的天然情愫。即便是后来考入北京大学计算机系，他也依旧对茶不舍，创新地将自己就读的专业与茶结合，做一些前所未有的尝试。寒暑假之时，在同窗们还在享受假期的时候，詹万宝则经常跑到马连道一待几天。他一边在马连道做市场调研，一边在这里打零工贴补家用。天生爱茶的基因早就在詹万宝的骨血里流动，他与茶密不可分。

君子爱茶之论文开门

詹万宝进入茶行业的机缘仿佛上天注定，一篇论文，才是让他更快融入这个行业的敲门砖，回溯这段历程，詹万宝深感既有偶然因素，也是必然的结果。

2004年，詹万宝结识了在华南理工大学就读研究生的莫定宏。詹万宝说，当时莫定宏带着做一篇与茶叶相关的毕业论文的目的来到马连道调研，詹万宝对茶的熟悉程度，加上计算机专业高材生的优势，以及对电子商务的灵敏度，让他迅速与莫定宏达成共识。两人通过对市场细致地研究与分析，一篇名为《茶业电子商务的机会、现状、问题、对策与展望》的论文诞生了。该论文随即被行业内多家刊物和网站转载，当时任职于中国茶叶流通协会的吴锡端和朱仲海也注意到这篇论文，他们对论文提出的新观点很感兴趣，希望找到论文作者做进一步交流，于是詹万宝因论文与他们建立联系，这也为他以后进入茶行业埋下了伏笔。这一年，詹万宝读大三。

回忆十多年前的马连道，詹万宝说，当时不像现在这样繁华，只是一个小小的茶叶集散中心，以做茶叶批发生意为主，客户来源与经营形式都比较单一。与此同时，由于社会的不断发展进步，中关村在那时已经是中国的科学技术中心了，被誉为中国的硅谷，人才济济，各种新式思潮在里面相互碰撞，催生了很多新的产业与市场，加之互联网的应用，许多产业都开始转变了营销思维，詹万宝坦言在中关村时，目之所及都是新的业态信息。于是他突发奇想，是否能将传统的茶产业与新兴的互联网结合在一起？中关村与马连道，两个地方风马牛不相及，但在詹万宝的心里它们却有着千丝万缕的联系。于是，他便开始投身于茶业电商模式的钻研之中，正是因为有如此新奇的想法并加以研究，才会有后来与莫定宏的一拍即合，也才会有后来的马连道茶网。

大学毕业后，詹万宝曾进入华夏银行短暂工作过一段时间，就像猛虎卸去利爪委身于动物园，虽然银行是人人艳羡的"好单位"，但重复单调的工作内容让他感觉无所适从，再加上他计算机出身的专业优势无法在银行施展，于是几经考虑，詹万宝毅然辞去了这份令人艳羡的好差事，下定决心回归茶行业。不久詹万宝就进入中国茶叶流通协会工作，如鱼得水，如鸟入林，与自己热爱的茶朝夕相伴，这一干便是8年之久。回想在协会的日子，詹万宝依然满怀感激："直到今天，我都很感激中国茶叶流通协会，我对那里有着很深的感情，这段经历对我而言非常宝贵。协会是一个很高的平台，既让我开阔了眼界，打开了格局，了解了市场，也让我对茶产业有了更深入的认识和思考，同时也比较系统地形成了个人的价值观和方法论。"

君子爱茶之缝隙凿光

莱昂纳德·科恩说，万物皆有裂痕。詹万宝对此深有体会，他说，再大的市场，也有细微的入口。对詹万宝而言，创业，就是在看似牢不可破的铁缸里，寻找光进来的地方。同时詹万宝表示："创业要想成功，要想长久生存，对待产品、对待服务得有宗教般的信仰，否则不管商业模式多好，容易见光死。"

2014年，经过多年的酝酿，詹万宝从中国茶叶流通协会离职，开始着手经营自己的品牌——元水堂。

关于为什么没有选择自己热爱的茶业，而是选择茶器作为切入点，詹万宝说："器为茶之父，水为茶之母。器作为茶的主要载体，它不仅仅是一种盛放茶汤的容器，而且是整个品饮艺术过程中不可缺少的一部分。质地精良，造型优美，并富有文化意蕴的茶器，对于衬托茶汤，保持茶香，提高品茶的趣味，都有着十分重要的作用。我们当时做了很多调研和分析，之前因为工作的需要有很多机会走访和了解市场，发现景德镇青花茶具是一个空白市场，目前全国没有一个市场占有率大的品牌出现，而且产品的品质良莠不齐，我们希望在空白市场发力，精准定位。"

"素瓷雪色缥沫香，何似诸仙琼蕊浆。"内壁瓷雪，茶水翻绿，外饰青花，简洁奢侈。詹万宝对于青花瓷情有独钟，所以他将目光主要放到了青花茶具中，他的团队希望做出一个精而美的青花茶器品牌。为了确保产品质量和原创设计，元水堂在景德镇参股一家规模较大，年出品20万件以上，主要制作大众产品的茶具厂；另外与景德镇三家知名设计工作室签署独家合作协议，买断其原创设计产品。近年来，詹万宝与团队在不断摸索，试图寻找一种适合快速更迭的最佳茶具供应链模式。

　　詹万宝说："我们对元水堂的定位，是一家以原创设计、纯手工制作、以最专业的态度来打造中高端青花茶器的品牌，以创意为理念，从传统出发，用现代的装饰手法深挖和提炼传统元素，希望将经典茶器具与现代陶瓷艺术结为一体，既能融入时代，体现现代元素，又能很好地保留青花的历史感和文化内涵。"

　　一件精美的瓷器从揉泥到成品，工艺繁复而耗费心血。从景德镇烧造历史上看，唐代气势恢宏，瓷器风格颇具当时天朝上国的繁华气息；宋人简朴，器物所体现的是优雅秀美的艺术风格；元人浑厚质朴，器具风格简洁挺拔，并融入民族特色。从艺术上讲，瓷器中还融入了制瓷人的思想和审美倾向，这就是不同朝代、不同时期瓷器所具风格不同的原因。不论是与有技术特长和扎实功底的陶艺家、老艺人、专业画师合作，还是培养潜力非凡的青年陶艺师，詹万宝都坚持亲力亲为，把握每一个细节，做到无可挑剔，让青花这种中国传统技艺在当代绽放出新的光芒。

君子爱茶之网络快车

　　2015年冬，有客商向元水堂预定三千只茶杯，但是要求30天内必须交货，詹万宝带领团队在景德镇联系了不少大型工厂，因为瓷器是手工产品，不能像流水线一样快速生产，杯子从制坯、绘图到烧制完成，最快的周期也需要两个月，后来客户撤销了该订单。詹万宝说，此次经历给他带来很大的感触，让他看到了手工茶具的"天花板"。以青花瓷为入口，本来想玩情怀、做文化，树品牌，以此成就一番事业，但是所经历此事之后，詹万宝明白了想要彻底解决壁垒所在，就需要或转型或升级，他必须做出选择。

詹万宝多年来深谙互联网之道，在实践过程中，他将茶与互联网放在了同等重要的地位，双轨并行。詹万宝认为，中国茶方面的未来消费模式一定会进行升级，同时他也敏锐地看到当下大部分茶叶和茶馆体验式的消费明显不足，在他看来，盒马鲜生模式兴许是未来中国茶产业的一个风向。"线上线下综合体对服务业而言很重要，我们现在缺少同时可以满足消费与体验的平台，而且平台要有足够的延展性。"詹万宝认为，未来茶业新零售首先要从体验入手，让顾客自己参与进来，提升顾客体验深度和宽度，同时解决茶叶品质高低不同、价格难以标准化等问题。"现在80％的茶叶店还是夫妻店模式，过于传统，但消费升级的确是大势所趋。"

经过一段时间的思索与研究，詹万宝决定选择升级现有业务，彻底改变发展思路，并制定了相关升级方案：一是对元水堂的体验中心进行改造，从原来以经销批发为主的实体店重新装修成体验式空间；二是重新定位产品，摒弃大众消费品的销售模式，走个性化高档路线，同时增加了花器、大型摆件等空间装饰品，不再仅限于茶具茶器，而是加入更多高端生活元素；三是发挥所学专业优势，借助互联网的力量，大力发展电子商务，在天猫、京东等平台开设旗舰店，现在詹万宝的网店已经多达12家。"改变很困难、改革有痛楚，但是因改变和改革带来的成绩是实实在在的，2016年公司全年的GMV（网站成交金额）达到1430万元，各项业务持续向好，企业发展上升了一个台阶"，詹万宝如是说。

期间，詹万宝还大胆地做了一个新尝试，为了践行新零售，让线下和线上结合为消费者服务的想法，公司投资开发了一个平台叫"茶快送"。中国好茶，全球送达，"茶快送"的这一广告语足够大气，詹万宝希望，这个平台可以实现世界任何一个角落都能喝到正宗中国茶叶的愿景，无论你在多远的地方，都可瞬息送达。"茶快送"的主要功能是整合茶叶源产地优势品牌，面向广大消费者提供茶叶直供闪送服务，采取线下和线上结合的商业模式，同时平台借助领先技术和先进理念，开发和运营茶旅游、茶教育等涉茶创新业务。詹万宝说："当时我们期待的目标是：深耕茶叶行业，形成一个全产业链平台，打造茶行业移动端唯一入口。"

时光如白驹过隙，倏忽而逝。2018年底，经过两年平稳运行和发展，詹万宝在电子商务赛道里也逐渐站稳脚跟，但往往平静的背后蕴藏着危机，很快，电商行业红利消失，成本不断抬高，流量持续下降，新的操作方式应接不暇，直播、短视频等对综合能力要求较高，此刻，詹万宝又陷入对未来如何破局的深深思考中，"企业没有树立核心竞争力是一件很可怕的事情，企业没有长远战略规划更可怕，尤其可怕的是企业业务散乱不专注。"詹万宝一口气说了三句可怕来阐述这种恐惧。幸运的是詹万宝是一个敢于对自己说不的人，企业调整结果出来后，詹万宝把所有电商业务全部切割给之前的团队。自己和一帮技术大牛成立"茶花开啦"科技公司，将自己的事业引入一个全新赛道，开始做茶行业大数据。詹万宝说：这次要严于律己，专注一项业务，"我要为行业创造价值，为企业建立竞争壁垒。"

君子爱茶之大浪搏击

　　"2018年，我国茶叶内销量是181.7万吨，内销额2 353亿，均价为129元/公斤，而我们采集到一个数据显示，郑州铁路局一年茶叶消费量竟高达100万吨，内蒙古包钢采购26万吨，国内像郑州铁路、包钢这样茶叶消费体量的公司不在少数，根据这个标准推测，国内茶叶消费B端市场规模应该是在20万吨左右，是一块将近260亿的大市场，那么冰山终于露出一角，我们发现了一个隐秘而又巨大的茶市场，这个市场很封闭，是一块大蛋糕，我在茶行业十几年，接触算比较广，但这件事之前从未听人提及，也就是说绝大部分人不知晓。我们要打开这个潘多拉魔盒，这就是我们'茶花开啦'项目的价值所在。"詹万宝又兴奋又惊喜地在向我讲述。

　　对于詹万宝而言，"茶花开啦"项目立意只有一条：踏踏实实做一件对行业真正有意义的事情，帮助更多的茶企和茶人抵达成功目标。这也是他多年来深藏于心底的梦想。项目定位是基于大数据的茶行业供应链，社会化智慧营销服务平台，这次詹万宝并不着急盈利，而是沉下心来打好根基，树立核心竞争力，发挥优势，利用先进的技术力量建设行业大数据，基于大数据为行业服务；同时詹万宝强调，要秉承价值创造的发展导向，坚持合作共赢的发展理念，让每一位客户有发展有效果，这个平台才有存在的意义；最后是坚持做开放型平台、社会化平台，强化优势互补，进行智慧化营销。

詹万宝对于"茶花开啦"未来的设想是比较宏伟的：第一步，先做信息付费，把高质量信息推送给真正有实力的企业去消化，并提供技术支持和指导，在合作的过程中形成一个个项目组，目的是先建立链接；第二步，组建销售队伍，搭建全国业务网络，与各地茶叶生产型龙头企业形成紧密合作，由我们牵头去参与商业竞争，确保每一条信息价值最大化，平台才能实现自我造血功能；第三步，要形成大数据库，建立强大的采集和分发体系，利用人工智能，把最具价值的商业信息提前做出分析及预判，能够提前一两年指导企业做业务布局；最后，要把能力延伸到国外市场，内外结合，形成一个覆盖全球的智慧营销平台。詹万宝和他的团队期望用三年时间，使平台GMV达到10亿元，公司营业收益3 000万元，5年在科技创新板上市，年营收不低于5 000万元。

值得高兴的是，平台上线两个月左右，每天平均发布5～10条高质量信息，真真切切带来众多商业机会，吸引了茶行业大量关注，不少大型茶企业负责人很重视，亲自关注信息，得知信息的各地茶企纷纷来人或者来电咨询合作事宜。为了确保平台有个良好开端，后续也能稳定发展，詹万宝再三告诫业务对接人，"千万不要浮夸，不能美化，要把真实有效的信息传递给意向合作方，同时要对合作方做适当调研，如果是不符合条件的企业，坚决拒绝合作，若有企业因为我们的不仔细，不认真，耗费大量时间精力来应付一件无法实现的事情，这对我们平台的信誉是一种伤害，这是绝对禁止的。"

有些人能感受到雨滴之美，而其他人则只是被淋湿。詹万宝在茶中看到了商机，在互联网时代看到了别人不曾注意的新机会，两者结合，通过自己的分析和摸索，走出了一条与时代共同发展的路。"根柯洒芳津，采服润肌骨。"在茶这个风华正茂的行业，詹万宝走在这条路的前方，心无旁骛。

七碗茶歌

唐韵今流

茶，在碗里是自在的

百年"茶马客"
大器终"碗"成

记茶马客品牌创始人郑亮

◆ 张 蕾

"茶叶之所以清香，是因为愿意把自己沉在碗底，人也是一样。你会发现，茶叶在水中浮浮沉沉、茶水从浓到淡的过程也是生命的姿态。"郑亮表示，与茶相伴的日子，让他对生活有了不一样的理解，找到了人生的方向。

起步——学外语却做了茶

当郑亮说他是学外语出身的时候，我们完全不敢相信。因为此刻，坐在我眼前的他，穿着一身朴素的茶服，慢条斯理地讲话，安静地泡茶，跟我想象中穿西装打领带、做事风风火火、习惯喝咖啡、讲英文的外语从业人员的形象完全不同。

感受到我们的疑惑，郑亮笑了。他表示，与茶结缘既是意外，也在情理之中。2007年，位于马连道的国际茶城正在筹备阶段，因为定位是国际化，所以需要专业的外语人才，而郑亮恰好符合要求。于是，学外语的郑亮进入了传统的茶行业，而这个选择也开启了他接下来与茶的缘分。

"北京国际茶城的英文就是我翻译的，我翻译的是Beijing International Tea Center。"郑亮告诉记者，刚参与国际茶城的建设工作时，他主要负责茶城的招商工作。

曾经，他也尝试重拾自己曾经的专业，进入了位于国贸的一家外资企业，当起了白领。可当他换上了西装、端起了咖啡，心却静不下来了。身边的同事们都在争分夺秒，为升职、为赚钱，这种生活的心态与工作的方式，郑亮理解不了。所以，仅仅坚持了一个月，他就毅然重返茶行业。这次短暂的离开让他明白，外面的风景再好、赚钱再多，都不能带给他内心的满足，他这辈子已经离不开茶了。所以，他再次来到了马连道，并在这里重新出发。

现在，郑亮经常说，马连道就是一个舞台，所有的茶商都是场上唱戏的"角儿"，你方唱罢我登场，主角要轮着来当，不能谁一直都有主角光环。所以，做茶要放平心态。市场上六大茶类销售情况的更迭，是符合市场规律的。之前普洱茶的生意好，但是不能总是普洱好卖，所以现在白茶、黑茶纷纷崛起。市场是不断变化的，要留下就必须经受市场洗礼。

成长——从一碗茶开启新征程

刚进入茶行业时，郑亮负责茶城招商相关工作，每天的工作就是跟茶商、茶人接触，掌握了很多行业发展情况的一手资料，让他对茶行业有了更多的思考。

他回忆，2008年的时候，茶城三楼一层全都经营普洱茶，到后来只剩下两家，一家大益，一家澜沧古茶。普洱危机刚过，互联网浪潮又席卷而来，巨大的冲击让经营实体店的茶商们不堪重负。看到曾经雄心勃勃北上掘金的茶商们最后铩羽而归，郑亮陷入了思考。茶行业为什么就禁不起一点点风吹草动呢？

通过与茶商们的交流，郑亮发现，很多来到马连道开店的茶商都是从产区走出来的家族企业，他们大多都是从茶农起步，而从茶农到茶商的身份转变，他们并没有很好适应，面对激烈的市场竞争没有品牌意识，但品牌是茶企发展壮大必须要下工夫经营的。同时，郑亮也认同，单一的批发业态并不适合马连道的长远发展，如何寻找到一条适合马连道长远发展规划的道路，如何为茶行业带来变革、实现成长，郑亮思考自己发展的方向。

郑亮一直在给自己找定位。一有时间，郑亮总是在马连道转悠，寻找灵感与方向。一次偶然的机会，郑亮去了云南，追随先人的足迹，走上了茶马古道。双脚踏上这条充满了故事与回忆的道路，郑亮忽然豁然开朗，自己不就是茶马古道上的一个匆匆过客吗？但他希望他能在马连道、在茶行业留下自己的足迹，于是，"茶马客"品牌应运而生。

有了方向，郑亮的思路也慢慢打开了。他开始潜心研究茶的发展脉络，茶的文化底蕴，特别是系统研究了有记载以来的中国茶器的变化。在他看来，茶的发展离不开与之相匹配的茶器。"水为茶之母，器为茶之父。"茶器成为他的创业方向。

为了寻找中国茶器的精髓，郑亮连续去了9次宜兴，面对面地跟做壶的大师深入学习。通过与大师的近距离接触，郑亮汲取了很多茶器的知识，当时的郑亮决定要做紫砂。但后来，随着作品的不断诞生，郑亮发现，这些紫砂壶并不能呈现他对茶的理解。因为做壶的大师可以通过自己的双手，把思想融入作品，但郑亮的想法并不能通过紫砂壶体现出来。于是，郑亮又开始研究盖碗。

郑亮琢磨，怎样泡茶可以更简单。因为盖碗存在一个问题，就是对新手来说，盖碗还是有些烫手。在一次聚会上，有人朗诵了唐代卢仝的《七碗茶诗》，给了郑亮灵感，"我就决定还是从碗上下工夫。"郑亮看来，只一个碗，不能形成一套泡茶的体系。后来他又多方学习交流，接触到《唐人宫乐图》，并从中得到了灵感，慢慢就有了今天的碗泡法。郑亮这样形容碗泡法："泡茶特别安静，没有那么多碰撞的声音，人在动，茶在动，水在动。"

坚持——让这碗茶得到更多认可

有了碗泡茶的思路之后，郑亮时时刻刻都在琢磨。有一天，郑亮又在马连道散步，忽然被马连道茶城前面的陆羽像吸引了——陆羽手里拿的碗不正是他正计划推广的泡茶碗吗？大小和造型几乎完全一样。这个发现让他既兴奋又更加有信心了，这是冥冥之中的缘分，自己还是沿袭了古人的智慧。后来经过反复思考和实践，郑亮借鉴了部分唐代茶饮方式和器物形制，给碗都配了一个瓢，碗泡法茶具逐步完善。

郑亮说，他现在把主要的精力都用在推广碗泡茶上。他希望可以通过自己的努力，让中国茶道回到碗里来，从碗里重新启程。

从2015年的1月18日正式推出碗泡茶器皿（一碗一瓢）以来，到现在已快4年了。郑亮回忆，刚刚开始推广的时候，他怀着极大的热情，把握任何机会、不遗余力。但万事开头难。那时他收到了很多质疑，有时候他刚出现，就有人调侃，那个卖碗的又来了。说完全不介意是不可能的，但因为对茶文化的热爱，对碗泡茶的信心，他坚持了下来。有些茶人会直接当面问他：“茶汤不会凉吗？香气不会散吗？”郑亮就耐心地跟他们解释，从碗里出来的温度其实正好是可以入口的；闻的时候没有香，但是香完全在水里。

近4年里，郑亮带着自己的碗泡法参加了多个茶艺大赛，也参加了一些茶会、展会，并通过孔子学院把它推上了世界舞台。如今，这种饮茶方式已经得到了越来越多茶人的认可。很多学校开始推广儿童茶艺，引进了碗泡法。郑亮认为，现在社会缺少仪式感，而仪式感体现的是我们对生活的尊重和热爱，碗泡法可以让大家回归传统，找到内心的满足。如今的郑亮，正在加速碗泡法教材的拟定。

郑亮告诉记者，他希望通过“碗泡茶”的方式让茶以更自然的状态展现在大家面前。在他看来，茶有三次生命，一次是在茶树上，一次在制茶人的手中，一次在碗中绽放，碗泡茶让大家更能领略茶叶之美。

在推广过程中，郑亮非常注重年轻群体的培养。在他看来，传统的文化体系需要年轻人来传承。为此，在钻研碗泡茶的过程中，郑亮抓住各种机会跟年轻人交流，希望站在年轻人的立场上找到符合年轻人审美的碗泡茶。为此，碗泡法首先在泡茶的工具上进行了简化，工具只剩下了一碗一瓢，从泡法上，少了闷的过程，水与茶可以更自然地结合。这些创新抓住了现代年轻人的喜好，让碗泡茶在年轻群体中接受度更高。

碗泡茶虽然看着简单，但实际操作起来并不容易。郑亮告诉记者，之前在展会上展示时，有人看到后很有兴趣，就跃跃欲试，但是到真正操作起来，完全不是看起来那么简单。手会抖，额头还会冒汗。所以泡茶人必须静下心来，像茶一样。郑亮希望碗泡茶可以帮助大家真正静下来。

"茶在水中浮浮沉沉，感觉自己就是他。"郑亮告诉我们，他也获得了成长。以前他总爱跟自己较劲，跟拉坯的师傅较劲，跟烧窑的师傅较劲，因为想做出自己的风格。烧窑时，他总想着要有突破，想要突破1 400度，信誓旦旦跟师傅说"我们可以战胜火！"经历过失败之后他才发现，我们不能战胜火，我们要跟火交朋友，保持平衡，万事万物都需要和谐。

　　这几年，为了做出心目中的碗，郑亮频繁地出入景德镇和台湾，跟师傅们"较劲"。有一次在台湾做柴烧的时候，烧一窑坏一窑，郑亮几近绝望，但台湾师傅们的工匠精神让他很感动。烧坏了800多个坯的时候，已经付出了巨大的经济与时间代价。郑亮当时对师傅们非常过意不去，但是他们一点都没有责怪郑亮，还鼓励他说："为什么古人可以，我们现在就不可以，我们现在还比古代多了温度计和那么多的新工具新手段，我们要有信心。"后来经过共同的努力，终于找到了问题所在，第一窑烧制成功12只碗。2015年10月18日，这凝聚了他们巨大心血的12只碗在厦门茶博会上第一次展示，迅速被抢购一空。但遗憾的是，郑亮再也没有烧出如此让他满意的作品。

未来——扎根马连道　发扬碗泡法

　　十年来，郑亮的工作、生活都与马连道这块土地息息相关。他近距离观察并参与了马连道十年来的发展。这些年来，马连道从功能上发生了巨大的变化，曾经的马连道是华北地区最大的茶叶集散地，但随着首都功能转变，非首都功能将撤离北京，批发可能会回到当地。在郑亮看来，这是一个好的变化。这种变化分工将马连道的功能变得更加明确，让种茶的茶农不再需要亲自出来卖茶。

如今的马连道，让郑亮看到了转变的曙光。

马连道今天留下来的都是经过打拼、有实力、有坚持的商户。郑亮认为，这个时候的马连道人，应该加强交流。如今，国家正大力复兴传统文化，茶文化是其中的重要组成部分。同时，商户们要抱团发展，不能各自为政，精神上的交流很重要。现在马连道的茶马客仍然在国际商城，附近都是老朋友，郑亮经常就去跟附近的同业们喝喝茶，交流一些想法，了解大家面临的困难和想法对双方都有帮助。

郑亮表示，任何一个行业要发展，必须形成合力，白茶的火爆拉动煮茶器的销量大涨，就非常明显地说明了问题。白茶标志性品牌"品品香"提出了"老白茶，煮着喝"，一个煮字，极大地拉动了煮茶器的销售。由此可见，大家的市场都是息息相关的。

郑亮希望中国茶道从碗里重新出发。"我还会一直推广碗泡法。"郑亮表示，"这几年，我通过这个碗，结识了很多志同道合的朋友。大家一致认为，古代的好东西都应该得到传承。"通过郑亮和他的朋友们的大力传播，很多茶人们都使用了碗泡法，市场越来越认可，茶马客的产品经常断货。于是市面上开始出现了很多仿品，但郑亮完全不担心，因为不论是设计和工艺，都无法和茶马客相比。

"我们跟山东黄金合作定制的银勺子在市场上供不应求。"郑亮表示，自己对碗和瓢都非常有要求，原料要保证，工艺要靠谱，碗上的孔需要人工一个一个打。玻璃打孔非常难，为了打好孔，在河间的玻璃厂，郑亮试了好多人，都不太满意。最后是一个17岁的小女孩完成了这个工作，因为她内心很沉静，没有更多的想法。如今，经过3年多，茶马客也有了很多不错的作品，但郑亮心中的那只碗还没有出现。

未来，郑亮将继续坚守马连道，找寻心中的那个碗，传播碗泡法。他相信，心中的碗终会出现，马连道必将创造新的辉煌。

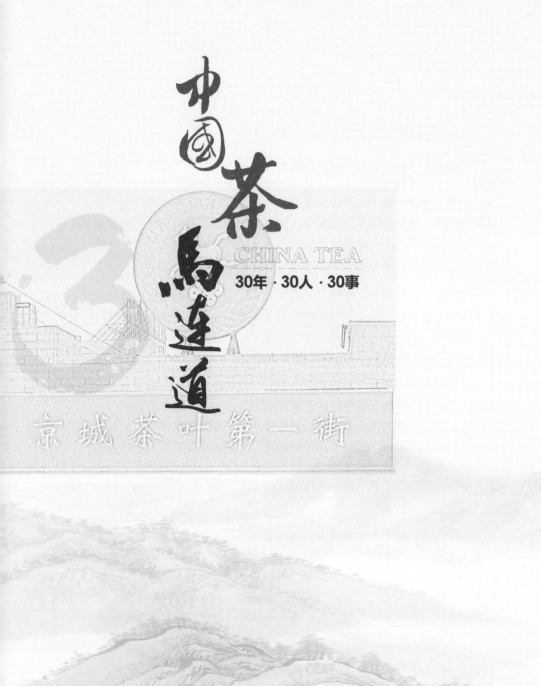

中国茶 马连道30年·30事

‖ 大事记 ‖

大事记

1988年6月	北京茶叶总公司在马连道成立。
1998年	京马茶城开业，成为马连道乃至北京第一家茶叶专业批发市场。
1999年1月1日	京闽茶城开业。
2000年9月8日	北京马连道茶城开业。
2000年9月28日	北京市商委正式命名马连道为"茶叶特色街"，并举行"京城茶叶第一街"开街仪式。
2001年4月28日	宣武区政府在马连道组织"北京第一届绿茶节"，立"茶圣"陆羽铜像和《茶经》文匾于马连道。
2002年6月6日	时任北京市委书记贾庆林到马连道视察、调研。
2003年5月27日	北京"非典"时期，马连道部分茶商举行抗"非典"捐赠活动。
2003年10月25日	时任北京市委书记刘淇到马连道考察、调研。
2004年9月25日	举办"北京马连道第四届茶叶节"，主题为：诚信消费马连道，放心购物马连道。
2005年4月23日	宣武区政府主办"北京马连道第五届茶叶节"，马连道被中国城市商业网点建设管理联合会和中国步行商业街工作委员会命名为首批"中国特色商业街"，同时举行了隆重的授牌仪式。
2005年10月10日	宣武区政府主办马连道地区国际茶业座谈会。
2005年10月18日	宣武区政府在马连道举行隆重仪式，欢迎大马帮抵达马连道，同时举办普洱茶文化周系列活动。
2007年3月15日	举行"第八届中国普洱茶节暨百年贡茶回归普洱"系列活动。故宫博物院一块150多年历史的普洱贡茶——万寿龙团，从马连道启程回归故里。
2007年6月	北京茶叶总公司从联合利华回购京华茶叶品牌。
2007年9月27日	宣武区政府首次主办"2007'北京马连道国际茶文化节"。

2007年9月	北京国际茶城正式开业。
2008年5月	5·12汶川大地震后，马连道茶商积极行动起来，通过各种途径向灾区捐款。
2008年9月	奥运会开幕前夕，北京更香茶叶公司总经理朱丽俐代表马连道茶叶一条街参加奥运火炬传递。
2008年	宣武区政府以茶为核心对马连道街区行政规划进行命名，分别为：茶马街、茶马北街、茶马南街、茶马北小街、茶马西路、茶源路、茶马东路。
2010年7月	西城区和宣武区合并，马连道正式隶属西城区区域规划。
2010年10月	在"2010′北京马连道国际茶文化节"上，马连道被授予"中国茶叶第一街"称号。
2012年6月	由西城区政府和云南省普洱市政府、中国茶叶流通协会共同主办的"北京国际茶业展""北京马连道国际茶文化节""第十二届中国普洱茶节"在北京展览馆和马连道同时举行。
2012年7月	马连道又一大型标志性建筑——第三区正式建成开业。
2013年11月	为加强马连道特色一条街的管理，西城区特别设立了"马连道建设指挥部"。
2015年7月	为推动马连道转型升级和经营业态的转型，北京茶叶交易中心依托马连道正式成立。
2016年6月	北京茶叶博物馆在马连道正式开馆。
2016年6月15日	西城区委第105次常委会，审议通过了《马连道街区产业转型升级报告》，进一步明确了街区转型升级的实施路径和具体措施。
2018年1月	由马连道建设指挥部和北京天恒正道投资发展有限公司共同建立的马连道工作站成立。
2018年4月28日	马连道30年·30人·30事大型宣传活动启动。

中国茶 马连道30年·30人·30事 珍藏版

中华合作时报·茶周刊 主编

北京天恒马连道茶文化发展有限公司

http://www.ccap.com.cn/

中国茶
马连道

CHINA TEA

30年·30人·30事

京城茶叶第一街